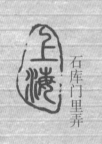

上海

石库门里弄

国家出版基金项目
NATIONAL PUBLICATION FOUNDATION

中国传统建筑
营造技艺丛书
（第二辑）

刘 托 主编

上海石库门里弄
营 造 技 艺

SHANGHAI
SHIKUMEN LILONG
YINGZAO JIYI

张雪敏 刘雪芹 顾歆豪 编著

时代出版传媒股份有限公司
安徽科学技术出版社

图书在版编目(CIP)数据

上海石库门里弄营造技艺 / 张雪敏,刘雪芹,顾歆豪
编著. --合肥:安徽科学技术出版社,2021.6
(中国传统建筑营造技艺丛书 / 刘托主编. 第二辑)
ISBN 978-7-5337-8367-9

Ⅰ.①上… Ⅱ.①张…②刘…③顾… Ⅲ.①里弄-
民居-建筑艺术-上海 Ⅳ.①TU241.5

中国版本图书馆 CIP 数据核字(2021)第 010416 号

上海石库门里弄营造技艺　　　　　　　　　　张雪敏　刘雪芹　顾歆豪　编著

出 版 人:丁凌云　选题策划:丁凌云　蒋贤骏　陶善勇　策划编辑:翟巧燕
责任编辑:王爱菊　何宗华　责任校对:戚革惠　责任印制:李伦洲
装帧设计:王 艳
出版发行:时代出版传媒股份有限公司　　http://www.press-mart.com
　　　　　安徽科学技术出版社　　　　　http://www.ahstp.net
　　　　　(合肥市政务文化新区翡翠路 1118 号出版传媒广场,邮编:230071)
　　　　　电话:(0551)63533330
印　　制:合肥华云印务有限责任公司　　电话:(0551)63418899
(如发现印装质量问题,影响阅读,请与印刷厂商联系调换)

开本:710×1010　1/16　　　印张:13　　　字数:208 千
版次:2021 年 6 月第 1 版　　2021 年 6 月第 1 次印刷

ISBN 978-7-5337-8367-9　　　　　　　　　定价:69.80 元

丛书第二辑序

　　自2013年"中国传统建筑营造技艺丛书"第一辑出版至今，已经8年过去了。这8年来，"营造技艺及其传承保护"已然成为中国传统建筑文化及文化遗产保护领域的热门话题，相关的课题研究、学术论坛高倍聚焦于此，表明了营造技艺的学术性和当代性价值。不惟如此，"营造"一词自1930年中国营造学社创立以来，重又为社会各界广泛认知和接受，成为人们了解传统建筑的一种新的视角，或可以说多了一把开启中国建筑文化之门的钥匙。

　　研究营造技艺的意义是多方面的：一是深化和拓展了建筑历史与理论研究的领域；二是丰富和充实了文化遗产保护的实践；三是在全国范围内，特别是在民间，向广大民众普及了对保护和传承非物质文化遗产（简称"非遗"）的认知。正是随着非遗保护工作的不断深入，我们对一些已有的认知也在逐渐深入和更新。比如真实性问题，每一种非遗都是富有生命活力的存在，是一种生命过程，这是非遗原真性的核心内涵，即它是活着的生命体，而不是标本。这与物质形态的真实性有所不同，其真实与否是活态非遗真伪的判断标准。作为文物的一座建筑，我们关注的是物态本身，包括它的材料、造型等，可能还会延伸到它的建造历史，它甚至可以引导我们穿越到初建或改建时的那个年代；而作为非遗的技艺，建筑物只是一个符号，我们要揭示的是建造技艺延续至今所包含的人类文明和人类智慧,它在我们当今生活中所扮演的角色,让我们既感受到人类文明的涓涓流淌,又体验到人类生活的丰富多样。我们现在在古建筑物质形态保护方面,对原真性保护虽然原则上也强调使用原材料、原工具、原工艺进行修缮,然而随着"非物质文化遗产"概念的引入和普及,传统技艺本身已然成为保持文化遗产真实性的必要条件和要素,成为被保护的直接对象。对技艺的非物质保护,首先就是强调其原真性需要得到保护,技艺的原真性就是有序传承的技术、做法、工艺、技巧。作为被保护对象,它们不应被随意改变。如同文物建筑不得被任意破坏或改动一样,作为非物质的载体,物质性的作品、成品、半成品、工具等都是展示技艺的要件,它们同时承载着识别技艺和展示技艺的功能,不应人为刻意掩盖或模糊技艺的真实呈现。所谓修饰一新、整旧如旧的做法,严格意义上说都不符合真实性原则。

又比如说活态性问题,非物质文化遗产是活态遗产,指的是非物质文化遗产在历史进程中一直延续,未曾间断,且现在仍处于传承之中。它是至今仍活着的遗产,是现在时而非过去时。一般而言,物质形态的遗产是非活态的,或称固态的,它是凝固、静止的,它是过去某一时段历史的遗存,是过去时而非现在时,如建筑遗构、考古遗址,乃至一般性的文物。然而非物质文化也并非全都是活态的,因而也不都是文化遗产,它们或许只是文化记忆,比如说终止于某一历史时期的民俗活动与节庆,失传的民歌、古乐、古代技艺,等等,虽然它们也是非物质的,也是无形的,但它们都已经成为消失在历史长河中的过去,被定格在某一时间刻度上,或被人们所遗忘,或被书写在历史文献中,它们在时间上都归为过去时。而成为活态的遗产则都是现在时,是当今仍存续的、鲜活的事项,如史诗或歌谣仍然被传唱,如技艺或习俗仍然在传承和被遵守,尽管它们在传承中也有所发展,有所变异。由此可见,活态并非指的是活动或运动的物理空间轨迹及状态,而指的是生生不息的生命力和活力。活态性也表现在非物质文化遗产在传承与传播中不断地应变,像生命体一样在与自然环境及社会环境的相互作用中不断地生长、适应与变化,积淀了丰厚的政治、经济、历史、文化、科技信息,积累了历代传承人的智慧和创造力,成为人类文明的结晶,如唐宋时期的营造技艺发展到明清时期已然发生了很多变化,但其核心技艺一脉相承,并直到今日仍被我们所继承和发扬。

再比如说整体性问题,营造技艺并非只强调技术,而应该包含营建活动的全部,"营"代表了其中的精神性活动,"造"代表了其中的物质性活动。在联合国教科文组织所列的五种非遗类型中,有一些项目是跨类型的,建筑即是如此。虽然我国现行管理体制中把建筑列入技艺类项目,但其与人类认知、民俗、文化空间等内容都有着紧密的联系,这也证明了营造类文化遗产的复杂性和丰富性,需要我们认真研究和传承。现实中没有一项文化遗产不是一个复杂的综合体和有机体,它们都具有自己的完整结构和运行规律,每一项非物质文化遗产都是由持有人、遗产本体(如技艺、表演等)、物质载体(如产品、艺术品等)、生态环境(自然与人文环境)共同构成的。整体性保护就是保护文化遗产所拥有的全部内容和形式,对非物质文化遗产的科学保护意味着对其相关要素进行全面保护,否则就难以实现保护的初衷,难以取得成效。营造技艺保护在整体性方面可谓表现得尤为典型。

中国非物质文化遗产是按照分类进行专项保护的,但许多遗产在实际存续状态中往往涉及多种类型,如不强调整体性保护,很可能造成遗产被割裂、分解,如表演艺术中的戏剧、曲艺,大多涉及文学、音乐、舞蹈、美术,以及民俗。仅以皮影为例,就涉及说唱、美术、制作技艺等,只有整体保护才能取得成效。不仅如此,除去对遗产本体进行保护外,还要对其赖以生存的生态环境予以保护,其中既包括文化生态,也包括自然生态。就营造技艺而言,整体性保护意味着对营造技艺本体进行全面保护,即包括设计、建造、技术、工艺等各个方面。中国古代建筑的设计与建造是一个整体的两个方面，不可分割；不像现在，设计与施工已经完全是两个不同的专业领域。"营造"一词中的"营"，之所以与今天所说的建筑设计有差异，主要在于它不是一种个体自由创作，而是一种群体性、制度性、规范性的安排，是一种集体意志的表达，同时本质上也是一种技艺的呈现形式。其实，任何一种手工技艺都含有设计的成分，有的还占据技艺构成的重要部分，如青田石雕、寿山石雕等。相比之下，营造方面的"营"包含的设计内容更为丰富，更为复杂。

对营造技艺的全要素进行整体性保护，需要打破物质与非物质、动态与静态、有形与无形的界限，正确认识它们之间的相关性。它们常常是一枚硬币的正反面，保护一方面的同时不应忽略另一方面。虽然我们现在强调的是针对非物质文化遗产的保护，但随着对文化遗产整体观认识的不断深化，我们必然会迈向文化遗产整体保护的层面，特别是针对营造技艺这类本身具有整体性特征的遗产对象。整体性保护与活态性相关，即整体保护中涉及活态（动态）与静态保护的有机统一。这里的活态保护主要不是指传承人保护，而是强调一种积极的介入性保护手段，即将保护对象还原到一个相对完整的生态环境中进行全面保护，这需要我们在一定程度上打破禁锢，解放思想，进行创新。现在有很多地方尝试进行一定的活化改造，即集中连片或成区片地整体保护传统街区、村落、古镇，同时保护与之相关的自然与人文生态，包括原有的地域性生活样态，如绍兴水乡、北京南锣鼓巷街区、川（爨）底下古村落等，都在力争保持或还原固有的风貌、风情、风俗，这是一种生态性的整体保护策略，是整体保护理念的体现。

在理论探索的同时，营造技艺的保护实践也在逐渐系统化和科学化，各保护单位和社会团体总结出了诸如抢救性保护、建造性保护、研究性保护、展示性保护、数字化保护等多种方式。

抢救性保护主要指保护那些因自身传承受到外部环境冲击而难

以为继，需外力介入才能维持存续的项目，其保护工作主要包括对技艺本体进行记录、建档、录音、录像等，对相关实物进行收集整理或现状保存，对传承人进行采访，系统整理匠谚口诀，建立工匠口述史档案，给生活困难的传承人以生活补助或改善其工作条件，等等。

建造性保护是非遗生产性保护的一种转译，传统技艺类项目原本都是在生产实践中产生的，其文化内涵和技艺价值要靠生产工艺环节来体现，广大民众则主要通过拥有和消费其物态化产品来感受非物质文化遗产的魅力。因此，对传统技艺的保护与传承也只有在生产实践的链条中才能真正实现。例如，传统丝织技艺、宣纸制作技艺、瓷器烧制技艺等都是在生产实践活动中产生的，也只有以生产的方式进行保护，才可以保持其生命力，促使非遗"自我造血"。相对一般性手工技艺的生产性保护，营造技艺有其特殊的内容和保护途径，如何在现有条件下使其得到有效保护和传承，需要结合不同地区、不同民族、不同级别的文化遗产项目进行有针对性的研究和实践，保证建造实践连续而不间断。这些实践应该既包括复建、迁建、新建古建项目，也包括建造仿古建筑的项目，这些实质性建造活动都应进入营造技艺非物质文化遗产保护的视野，列入保护计划中。这些保护项目不一定是完整的、全序列的工程，可能是分级别、分层次、分步骤、分阶段、分工种、分匠作、分材质的独立项目，它们整体中的重要构成部分都是具有特殊价值的。有些项目可以基于培训的目的独立实施教学操作，如斗拱制作与安装，墙体砌筑和砖雕制作安装，小木与木雕制作安装，彩画绘制与裱糊装潢，等等，都可以结合现实操作来进行教学培训，从而达到传承的目的。

研究性保护指的是以新建、修缮项目为资源，在建造全过程中以研究成果为指导，使保护措施有充分的可验证的科学依据，在新建、修缮项目中和传承活动中遵循各项保护原则，将理论与实践相结合，使各保护项目既是一项研究课题，也是一个检验科研成果的实践案例。

实际上，我们对每一项文物修缮工程或每一项营造技艺的保护工程，在实施过程中都有一定的研究比重，这往往包含在保护规划、保护设计中，但一般更多的是为了满足施工需要，而非将项目本身视为科研对象来科学系统地做相应的安排，致使项目的宝贵资源未得到充分的发掘和利用。在研究性保护方面，北京故宫博物院近年启动了研究性保护的计划，即以"技艺传承、价值评估、人才培养、机制创新"为核心，以"最大限度保留古建筑的历史信息，不改变古建筑的文物原状，进行古建筑传统修缮的技艺传承"为原则，以培养优秀匠师、传承营造技艺、探索保护运行机制等为基本目标，探索适合中国国情的古建筑保护与技艺传承之路。

随着第五批国家级非物质文化遗产代表性项目名录推荐项目名单的公示，又将有一批营造技艺类保护项目入选名录，相应的研究和出版工作也将提上议事日程，期待"中国传统建筑营造技艺丛书"第三辑能够接续出版，使我们的研究工作即便不能超前，但也尽力保持与保护传承工作同步，以期为保护工作提供帮助，为民族文化遗产的传播做出切实的贡献。

刘　托

2021年1月27日于北京

前　言

　　近代上海之崛起与发展,深受两方面因素的影响:一则曰江南,上海本为海滨蕞尔一邑,近代以来因缘际会,历经转折,一跃而为江南区域中心,乃至更上层楼,跻身所谓国际都会之列,但江南因子数千年来浸润其间,却是无论如何也抹不去的;一则曰外洋,一百九十余年前上海开埠,之后,无论西洋、东洋,各色外洋的人群、制度、器物、观念等等,蜂拥而至,因之而在沪上开出一片新景。这两方面因素都在上海城市建筑的发展过程中留下了深刻的烙印,而两者的完美结合在石库门这一近代上海的经典建筑上得到了较好的体现。

　　石库门在近代上海的出现,完全是为了适应开埠以后人口激增的情形,且在江南民居的基础上,借鉴了西方的建筑、规划的经验,加以融会贯通而产生的。石库门出现后,由于其迎合了居民的居住需求,因此很快得到发展,不久便纵横成片,形成了颇具规模的石库门街坊格局。在此过程中,石库门又经历了不同的发展阶段,有早期石库门、晚期石库门、广式里弄、新式里弄、花园式里弄等,不一而足。每种样式的出现都有其特定的历史背景和受众,而相关的营造技艺亦由此不断变换花样,推陈出新。

　　石库门营造技艺的发展最早可以追溯至明清时期的"水木作"。"水木作"按地域又分为宁波帮、川沙帮、苏州帮、绍兴帮等,这些传统的中国工匠在开埠后顺应新的形势,参照西洋样式,很快在租界内建成了所谓的"联排屋"。以后,随着上海城市的发展,1880年前后,"水木作"逐渐转型为近代的"营造厂",开始采用现代西方的工作方式与流程,承接业主发包的工程,形成了崭新的近代经营与营造模式。

第一次世界大战后,上海城市发展进入了一个高潮,石库门里弄类型趋于多样化,一大批优秀建筑师参与了石库门的建筑与设计。1921年,第一家中国人独立开设的建筑设计事务所在上海诞生。1930年,沪绍宁水木公所更名为营造同业公会。这一时期是石库门建设的黄金时期,出现了一大批优秀的、具有海派风格的石库门建筑。据不完全统计,自清朝同治九年(1870年)石库门里弄兴起以来,上海营建老式里弄9000余条,建筑面积2100万平方米,占当时全市总住宅面积的57.4%,容纳了70%以上的居民。其中,以石库门里弄为主体,其约占上海里弄总数的70%。石库门里弄是中华人民共和国成立前上海最基本的民居建筑形式,也是20世纪二三十年代上海人心目中"家"的形象。

上百年间,石库门营造技艺在不断发展的同时,也孕育了与石库门建筑文化相关的特有的一些理念。近代,上海城内寸土寸金,每一幢石库门建筑的面积都十分有限。因此,如何借鉴西方的营造技艺,在有限的空间内规划出合理的功能布局,同时营造出具有江南民居闲适、安逸风格的空间意韵,就成为众多营造者追求的目标,而最终他们无疑达到了这样的境界。在中西合璧的基础上,中国传统建筑中"天人合一""平安和睦"等理念同样在石库门建筑中得到了淋漓尽致的体现。正是在这些营造师的手中,石库门建筑被打造成了上海城市的象征。

石库门里弄不仅是上海市民的生活空间,而且是上海的文化空间。石库门里弄不仅孕育了在中国近现代史上具有重要影响的亭子间文学,促进了海派艺术的发展,而且是中国红色革命的摇篮。石库门里弄是上海城市生活的缩影,是上海宝贵的城市记忆,更是上海市民的精神家园。

令人惋惜的是,抗日战争全面爆发,上海沦陷,石库门里弄建筑基本停止新建。此后,石库门营造技艺大多停留在对存留老建筑的维修上,应用范围逐步缩小。上海解放后,再无新建石库门里弄建筑,特别是20世纪80年代以来,在城市化、商业化、市场化等多重因素的冲击下,越来越多的石库门里弄被拆除,石库门里弄面临着消失的危险。据不完全统计,截至2013年,上海以石库门里弄为单位的建筑群有1900余处,即以居住单元计算约为5万个,其中60%为旧式里弄,这一数字相较中华人民共和国成立前减少了约80%。2007年6月6日,美国世界历史遗迹保护基金会公布了2007—2008年"世界百大濒危文明遗址",上海老建筑(上海近代建筑与上海里弄建筑)被列入"世界上100项最濒危的建筑和文化地点"。

为了扭转这一形势,一大批机构乃至个人行动起来,加入抢救石库门营造技艺的队伍中来。通过各方努力,2004年,上海市政府批准12个历史文化风貌保护区,173片石库门风貌街坊得到了法定保护。2009年,上海石库门里弄居住习俗被列入上海市非物质文化遗产名录。2010年,上海石库门里弄营造技艺被列入国家级非物质文化遗产名录;同年,上海世界博览会期间,石库门被作为上海城市的象征隆重推出。2015年1月25日,由阮仪三倡议、上海石库门文化研究中心发起并联合19位专家学者共同呼吁上海石库门申报世界文化遗产;同年,上海历史文化风貌区再次扩大,又增加了118处风貌保护街坊,明确了石库门里弄营造技艺的传承点,这是上海的一大创新举措。2017年,上海市政府提出"留、改、拆并举,以保留保护为主"的城市更新理念,确定了750万平方米的历史风貌保护"红线"。

现在,石库门里弄建筑营造技艺已经列入国家级非物质文化遗产名录,纳入了政府主导的非物质文化遗产保护行列,诸多保护、传承措施和机制有的已经付诸实施,有的则正在积极酝酿之中,并引起了社会各界的高度重视,这些都表明石库门之于上海的价值正在被越来越多地发现和肯定。我们有理由相信,石库门营造技艺这一在近代上海社会变迁中发展起来的技艺及其所营造的建筑,一定会有更辉煌的明天,未来的石库门将不仅是上海的、中国的,更是世界的。

为挽救濒危的石库门里弄建筑,促进全民对历史遗存的共享和保护,我们再一次向政府及相关部门乃至全社会发出倡议:"让我们共同行动,根据世界文化遗产申报要求,科学规划,做好相关研究和申报工作;保护石库门文化遗产,维护其完整性和原真性;传承海派文化,为上海城市建设与文化创新提供新动力。我们希望在社会各界的共同努力下,把上海石库门这份宝贵的历史文化遗产完整地传给后人,交给世界!"

目　录

第一章
上海石库门里弄概述

石库门里弄建筑兴起于上海开埠后的租界,是在1853年小刀会起义和1860年太平天国东征之后,大量华人拥入租界居住生活而兴起的一种中西合璧的近代城市民居建筑。

第一节
诞生于租界的石库门

1843年,上海开埠。1845年11月,英国借口"华洋杂居不便",以《虎门条约》中准许英国人在通商口岸租地造屋的条款为理由,与清政府商定了《上海土地章程》,清政府在《上海土地章程》中同意划出一块土地作为英国人居留地。后来,英、美、法等国不断向清政府施加压力,一次次修改章程,逐步获取了居留地的管理权,把居留地变为租界。租界设立的工部局是租界的最高行政机构,负责征收租界内洋行的捐税、审批土地出卖和转让、设置巡捕房等事务,同时负责建设道路、码头等市政设施。租界内还驻扎军队,开设会审公堂,逐步成为"国中之国"。

一、从"华洋分居"到"华洋杂处"

开埠最初十年实行"华洋分居"政策,租界内除了原有居民外,其他中国人不准随意在租界居住。当时规定:华人在界内租地赁屋,须由中外业主分别禀明领事官和府衙,经查视无碍后才准其居住;如在界内建屋,不得选址于洋房左近,选料禁用竹、木材等易燃材料,施工不得阻碍道路。清人毛祥麟在《墨余录》中言道:"我邑西商之租地也,始于道光壬寅,而盛于咸丰庚申。其始,仅于浦滩搭盖洋房,以便往来贸易。继因粤逆之乱,调兵助剿,请益租地,富商巨贾,于是集焉,而市斯盛矣。"

不过,在1850年以前,由于外侨人口数目甚少,福建中路以西区域的洋行永租土地在用地性质上基本以商业为主,建筑形式以东南亚的"外廊式"为主流,即所谓的"买办式"建筑。这种建筑功能上多为"商住合用":楼层一般为两层,洋行大班或主要合伙人住在二楼,买办的局所、办公室兼仓库在底层。这就包含了外商全部的生活内容,街区功能极为单调,"没有商店、酒店、酒吧、戏园或其他活生生的街道生活",更未出现商品化的住宅生产。

1853年9月,上海县城爆发小刀会起义,城内富商豪绅纷纷离家逃难。这时,由外国军队武力保护的上海租界成为这些人的最佳避难所,大量豪绅富商、地主以及平民纷纷拥入租界居住。一时间,租界成为"通省子女玉帛所聚"。

至1854年前后,租界内华人人口暴增至2万,到1860年猛增至30万,两年后更是激增至50万,土地价格飞涨。在此情势下,许多外商找到生财之道,他们发现"将土地租与难民,或建房屋供难民居住,为有利可图之举"。原来的大班、水手、伙夫、鸦片贩子,摇身一变,全部变成房地产商人。一时间,"新筑室纵横十余里,地值至每亩数千金"。这种情况,在美国人霍塞的《出卖上海滩》一书中有形象的描述:

以前没有人要的地皮,此刻都开辟起来,划为可以造屋的地盘。难民需要住屋,上海先生们便立刻加工赶造起来。租界范围以内的空地,不多几时便卖得分寸无存。

从1853年9月到1854年7月,不到一年间,在广东路、福州路一带,就建造了800多幢以出租盈利为目的的木板简屋,高价租给逃入租界的华人。到了1860年,木板简屋的数量达到8740幢,木板简屋一时成了租界土地上最抢眼的建筑群。由于大量华人在租界内居住与《上海土地章程》中有关"外人不得架造房舍租与华人"的规定相悖,所以,在1854年,英领事阿礼国(R. Alcock)曾焚烧洋泾浜(今延安东路)沿岸华人的临时木板房来驱赶华人,但在巨大利益面前,英领事的这一举动因遭到租界内大小地产商的强烈反对而作罢。

华人入住租界之事实既已发生,在这个背景下,英、法、美三国公使又签署新的土地章程,即《上海英法美租界租地章程》,一般称作第二次《土地章程》。第二次《土地章程》取消了第一次《土地章程》中"华洋分居"的规定,并在附录的《租地契式》中专门注明:"若华民欲在界内租地赁房,须由领事官与中国官宪酌盖印契据始可准行。"第二次《土地章程》中第八条还规定:"不准华人起造房屋、草棚,恐遭祝融(火灾)之患。不遵者,即由道台究办。"由此确定了华人在租界的居住权。1855年3月,上海道台颁布《上海华民住居租界内条例》,允许华人进租界设店并从事经营活动,租界"本专为外侨居住而设之原始观念,乃首先以租界外之情势纷扰以及内战方烈而被改变",上海租界"华洋杂处"的新局面由此打开,近代上海城市开发的帷幕自此正式拉开。

二、石库门里弄建筑的产生

"华洋杂处"打开了住宅商品化之门,专营买地、建造房屋、租赁或出售的行业开始在租界内出现。截至1860年,租界内以"××里"为名的住宅已达到8740幢。不过,这些木板简屋是专为避难华人而造的,外国人基本不去居住,且从它们的地域分布来看,"华洋区隔"现象仍以某种形式得以保留。1864年的上海英租界地图显示,当时外国人住宅仍只集中在原有的界路（河南路）以东地区，在河南路与福建路之间尚有少量外商住宅，但福建路以西则难觅其踪。而华人住宅，则密密麻麻地分布在河南路以西区域，特别是从河南路到浙江路、湖北路之间的区域几无隙地，华人很少染指已被西人占据的英租界东部地区。据美国人霍塞称："（从黄浦滩）再走过两三条直街，方是华人聚居的地方。"显然，洋商在不失时机地建造简屋大发横财的同时，并未真正愿意与华人分享同一空间，而是尽可能地让自己与逃难而来的华人保持一定的区隔。

早期为应对大量拥入的华人而建造的木板房，成本低廉，施工简单，建造速度快，一般采用联排式总体布局，这些都成为后来上海特色里弄街坊的雏形。至1864年，江南避难人口纷纷回籍返乡，租界人口锐减，致使房屋大量闲置，于是，这种"救急式"的简易木板房停止兴建；已建成者，也因建筑材质易燃而被租界当局取缔。19世纪70年代以后，随着租界的现代都市辐射效应不断显现，大量江浙富商子弟、退休和待职官员、破产的手工业者、仕途不畅的文人士绅将上海视为乐土，再次移居来此。对此，1882—1891年上海的《海关十年报告》这样说道：

中国人有拥入上海租界的趋向。这里房租之贵和捐税之重超过中国的多数城市，但是由于人身和财产更为安全，生活较为舒适，有较多的娱乐设施，又处于交通运输的中心位置，许多退休和待职的官员多在这里住家，还有许多富商也在这里，其结果是中国人占有了收入最好的地产。

在此居住需求的背景下，产生了第一代"石库门"住宅，这就是通常所称的"老式石库门"。1876年，葛元煦在《沪游杂记》中就对这种新生的石库门的形制、租价有所交代：

上海租屋获利最厚，租界内洋商出赁者十有六七，楼屋上下各一间，俗名一撞（幢），复以披屋设灶，市面租价每月五、六、七两银数不等,僻巷中极廉,每间亦需洋银三饼。昔人言长安居,大不易,今则上海居,尤不易焉。

至1882年,租界内石库门住宅的出租规模越来越大。且看当时《申报》记载的老闸以西、厦门路附近石库门的招租广告:

今有在老闸西、保康里北,博经里新造市楼房六十余幢,石库门楼房四十余幢,晒台、后披、井,租价起码每幢二元五角,余者格外公道。倘欲租者,请至博经里口庆记经租账房订租可也。

老式石库门建筑,住宅平面多为三开间二厢或双开间一厢,甚至还有少数单开间的,如图1-1所示。房间包括起居室、卧室、浴室、厨房,还有晒台、天井和储藏间,可以供两三代同堂的人家居住。其建筑结构多为传统的砖木立帖式,外墙多为石灰粉刷。建筑门框一般也很简单,为条石砌成,无复杂的门头装饰,形式仍留有较明显的江南民居的特点。房子建成后每隔几排就在四周建起围墙,形成一个住宅小区。出于对出行、采光和通风的需要,小区内每两排楼房中间都铺设出一条小巷。这种成排楼房中间有通道隔开的住宅形式,被称作"里弄房子"或者"弄堂房子"。

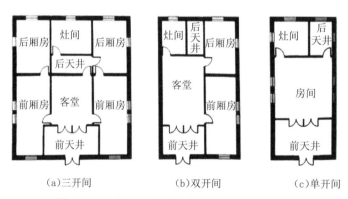

图1-1　三开间、双开间、单开间石库门房屋平面示意

现存史料已无从考证第一幢石库门里弄住宅在何时、何地为何人所建。最早的资料记录1872年建的兴仁里当为典型的老式石库门住

宅。兴仁里位于北京东路以南，宁波路以北，河南中路以东，占地约20亩（1亩约合667平方米），主要由24幢三开间两厢房和五开间的石库门住宅组成，都是两层结构，各类住户加店铺计57户。兴仁里主弄长107.5米，弄堂用长条石砌铺，建筑面积约9157平方米。里弄共有30个单元，其中沿街的连排街铺有27个单元，楼下是店铺，楼上是住家。后来陆续建有同益里（人民广场附近，1899年）、吉祥里（河南中路531弄，1904年）、青阳里（南京东路306弄）、亲仁里（南京东路338弄）、宝康里（淮海东路，1904年）、昼锦里（汉口路360弄）等。其中，昼锦里为当时中外贸易的场所，较为繁华。

三、"石库门"名称的由来

　　关于"石库门"名称的由来有两种说法。一种说法认为古代帝王宫廷有五门（皋门、库门、雉门、应门、路门），诸侯住所则有三门（库门、雉门、路门），以示等级礼制，类似于天子九鼎八簋、诸侯七鼎六簋、卿大夫五鼎四簋、士三鼎二簋的中国古典礼制。无论是帝王宫廷还是诸侯住所，都有库门。而石库门建筑多选用石料制作门框，并有典型的黑漆木门，因此有"石库门"之称。另一种说法是，沪语中把一种物件套收束在另一种物件之外叫"箍"，如"箍桶""箍盆"等，即用铅线圈将破漏或爆散的木桶重新束紧修复。俗语把这种出现在英租界里用石条"箍门"的房屋，叫作"石箍门"，后因宁波、绍兴方言中"箍""库"不分而讹为"石库门"。

　　两种说法相比，前者较为学术，后者更为市井。石库门建筑是伴随里弄街坊而出现的，关于"弄"，很多人不懂其义。"弄"的辞书释义为：建筑物间的狭窄小路。吴方言称小巷为"弄堂"。祝允明《前闻记·弄》中有这样的描述："今人呼屋下小巷为弄……俗又呼弄唐，唐亦路也。"

从现有资料看，"石库门"一词最早于1872年出现在《申报》(1872年第165号)上的一则广告中：

房屋出租

启者今有新造厅式楼房一所在石库门内，计十幢。四厢房，后连平屋五间，坐落石路中三元轩街内。倘有贵客欲租者，即请至老闸养德药铺间壁巷内向本号面议可也。九月二十七日洪元成谨启。

如图1-2所示为老沙逊洋行在《申报》(1872年第206号)上的第一个石库门房屋招租广告。

图1-2 早期石库门房屋招租广告

这些早期的石库门租赁广告表明了石库门里弄建筑并不是业主自己居住，而是由房地产商批量建造用于出租的一种新型商品化的城市住宅。早期石库门里弄的开发以外商洋行为主，也有中国的官僚、富商、地主、买办资本参与其间，但主体一直是外国资本。同时，石库门的经营一开始就与大众传媒相联系，石库门在大众传媒中首先是作为商品而存在的。

石库门的产生有其特殊的时代背景，石库门里弄是根据中国人的传统居住理念、居住方式以及建筑的审美趣味，将江南传统民居与英式联排建筑布局相结合后所产生的中西合璧式的住宅建筑，它的出现标志着上海乃至中国近代城市民居住宅的兴起。

第二节
石库门里弄的开发营建

| 一、洋行的里弄开发 |

近代上海房地产市场多是由外商发起并主导的。1869—1933年，上海绝大多数房地产巨头都是西方人。其中，公共租界以英国房地产商实力最强，著名者有埃德温·史密斯、托马斯·汉壁礼、亨利·雷士德、霍格兄弟，以及英籍犹太商人沙逊、哈同等，与之相应的知名房地产公司有英商新沙逊股份有限公司、英商业广地产有限公司、英商泰利有限公司、哈同洋行、德和洋行等。

1880年以后，犹太富商沙逊家族迅速崛起，其组织和控制的华懋地产公司、上海地产投资公司、远东营造公司、东方地产公司等，形成了一个庞大的地产垄断集团，一度位居上海房地产业的首位。沙逊家族除了雄踞南京路沿线昂贵的商业地产前列外，还不遗余力地经营里弄住宅。1887年，爱德华·沙逊伙同新沙逊洋行买办沈吉成，在拍卖行中以17300两银圆购入福州路广西路口的同兴里房产，共占地9.465亩，包括华式两层楼房67幢，洋式两层楼房59幢。同年12月，爱德华·沙逊又以20500两银圆的价格向沈吉成收购这块房地产的"所有股份连同全部股益"。

1916年以后,另一位出道于沙逊洋行的英籍犹太富商哈同异军突起,在公共租界主要街道两旁,尤其在南京路一带占有了越来越多的土地,逐步取代了沙逊家族在南京路的"地产大户"地位。据不完全统计,1924—1933年间上海房地产投机高峰时期,南京路地产大户第一位是哈同,第二位是雷士德,沙逊家族已退居第三位。当时,在里弄住宅中,凡是以"慈"字命名的石库门,如慈裕里、慈庆里、慈顺里、慈昌里、慈丰里、慈水里等,都是哈同的产业。这些产业,房主用于自住的很少,大部分用于投资、买卖或出租。

二、华商的崛起

在外国人支配上海房地产市场后不久,中国的官僚买办、地主富商为牟取巨额利润,也纷纷介入房地产业。从19世纪60年代开始,上海房地产契约文书中有不少华人的名字,他们在不同的阶段拥有不同的住宅,有的是石库门,有的是公寓,还有的是花园洋房。在英租界中、西区,华籍房地产商曾是里弄住宅建设中一支不可忽视的力量。其中,首推来自浙江的富商群体——湖州南浔"四象"。

素有"四象"之称的浙江南浔帮,是指张颂贤、刘镛、邢赓星、庞云雛四大家族。他们原来都是南浔大地主,在乡间坐拥大量土地,并控制着当地的丝、茶市场,后因避乱而来到上海租界。来沪后,他们虽仍经营丝、茶等大宗贸易,但最大的投资则是购置房地产。值得注意的是,这四家都不约而同地选择在福建路以西的苏州河南岸一带建宅落户,如刘家于1900年前后在福州路、广西路一带买地造屋,拥有10余条里弄,著名的会乐里、会香里、洪德里、尊德里等老式石库门里弄住宅都是刘氏产业;张家在1921年前后拥有外滩当时价值500万元的地产;庞家也在苏州河南岸广置产业,原牛庄路的三星里和成都路的整条世述里都是他家的产业。

刘家之所以会选择在苏州河以南购地建房,与当时南浔丝商依赖苏州河这条最便捷的"水上丝绸之路"销售"辑里丝"有关。因为公共租界濒临苏州河,这些丝商要跟外国洋行打交道,从事蚕丝外销贸易,很自然地就要把自己的丝船停靠在苏州河南岸,因此,他们的住宅也就坐落于此。如尊德里,虽然弄堂口标识建筑年份为1930年,但其实它最早建于1889年,原名贻德里。尊德里石库门弄堂前门开在厦门路,后门就在苏州河边,水路运输极为便利,弄堂内设有许多仓库栈房,从事出口外销比较方便。

与晚清南浔"四象"家族以血缘聚居方式落户苏州河南岸稍有不同,一些苏州富商选择发起地缘性的同乡会组织并在上海购地建房。如1919年6月,上海瑞泰颜料行经理杨叔英、瑞康颜料行经理贝润生,以及珠宝业董事陈养泉等组织成立了"苏州旅沪同乡会"。该会于民国十二年(1923年)购定黄河路(旧名派克路)苏州里地产一亩六分三厘,连房屋20余幢,长期出租,作为同乡会的固定收入。从"苏州里"三字命名来看,正是缘于同乡会之名;从这处里弄所在的位置来看,同样是为倚苏州河水路之便。不过,因这类房地产系多位富商业主所购置,故带有集体产权的性质。

在早年的华人房地产商中,出身于洋行买办的房地产大业主为数也不少,其中发迹较早的当属广东香山籍买办徐润。徐润曾任职于英商宝顺洋行,同治二年(1863年)采纳了洋行大班爱德华·韦伯及继任大班的建议,在公共租界"南京、河南、福州、四川等路"陆续购地2969余亩,造屋2064间。至1883年中法战争前,徐氏"所置之业,造房屋收租,中外市房5880间,月收入2万余金,另置地3000余亩"。虽然这样的记载未免有些夸大,但也间接表明了其参与大量房地产经营活动这一事实。

与徐润相仿,同一时期的程谨轩和周莲塘两人亦是早年买办中经营房地产的佼佼者。程谨轩,安徽歙县人,木匠出身,早年来沪,后为老沙逊洋行买办,负责修房兼收租。在为老沙逊洋行拓展房地产业务的同时,其本人也经营地产,专设"程谨记"。经多年经营,至1890年前后,程谨轩已在公共租界拥有大量的里弄住宅。当时北京路近西藏路地段及南京东路大庆里、吉庆里、恒庆里等以"庆"字命名的里弄住宅,都属程谨轩所有,其地产估值最盛时曾达到500余万元,被人称为"沙(逊)哈(同)之下,一人而已",可见其实力之强、地位之高。老沙逊洋行另一位宁波籍买办周莲塘,也是当时有名的房地产商,其房产主要集中在福州路、广东路、浙江路一带,规模也很可观,而这一带正是石库门聚集之所。至20世纪30年代,周莲塘拥有的房地产总值近2000万元。

　　新沙逊洋行第二任买办沈吉成也因投资房地产而暴富。据说沈吉成某次在与一些英国商人聚会时,席间听雇主沙逊和其他人谈起英租界准备扩张,沈吉成认真分析了英租界的现状,认为向西扩展最有可能,因此倾其所有购买了一块土地。不久,英租界果然向西扩展,沈吉成购置的土地被划入其内,地价顿翻数十倍,于是他又转手卖出,并将其中一部分资金用于建造商业大楼,另修建了逢吉里(在南京东路广西路转角)、长吉里、永吉里(北京路西藏路一带)。他故世后,其房地产价值已近270万元。

　　此外,尚有许多买办在租界内坐拥房地产,如裕兴洋行买办丁仲舒拥有延安东路、成都路地段多处里弄;谦信洋行买办姜炳生拥有浙江路渭水坊,其先委托通和洋行经租,后自己管理;永兴洋行买办程崧卿拥有长沙路大住宅;通和洋行首任买办应子云经过近10年经营,在福州路永乐里,北京东路、西藏中路宏兴里,南京西路业华里等地,拥有相当可观的产业积累,尤其是位于今凤阳路338号的花园住宅——应公馆(现名上海奥太体育办公楼),时价银10万两,五开间假四层,仿欧洲文艺复兴时期巴洛克风格,其豪华与坚固程度,据说在当时上海滩的花园住宅中,只有外滩汇丰银行可与之媲美。

第三节
"土洋结合"的营造技艺

| 一、中西合璧的建筑风格 |

石库门的住宅单体平面接近江南传统的三合院或四合院形式,早期多由三开间两厢房或五开间两层楼等格局组成,基本上保留了传统江南民居左右对称、尊卑有序的空间秩序。但由于标准化的统一设计,传统江南民居中显示身份等级的特征在石库门建筑中逐渐被削弱,不再有四柱三楼或五凤莲花的门饰,由此失去了其之于传统江南民居中对于有功名者的表彰这一特征。此外,石库门建筑中对屋主身份的公示作用和主人的文化品位也无从体现,只是门墙雕刻尚有少许审美指向。石库门厚实的木门是家内家外的疆界,体现出防卫的实用功能。相应地,造门工匠技艺展示的天地变得越来越小,门的设计主要考虑的是牢固而不是美观,这正是城市生活对于建筑中"门"的塑造。如图1-3所示为开埠前的上海最常见的本地民居建筑"绞圈房"。

传统江南民居尽管大小不一,但其有两条规律:一是基本为一层或两层,很少有三层;二是堂屋多以"间"为单位,通常是三间、五间或七间,大户人家和小户人家的差别在于前者由间组成合院,再由合院组成群落,后者则是"一"字形的三五间。明代以后,住宅建筑的形式趋向统一协调,等级差别仅体现在尺度的大小

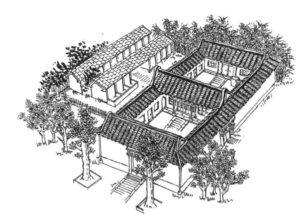

图1-3　开埠前的上海最常见的本地民居建筑"绞圈房"
（石库门的设计来源之一）

上。传统江南民居的平面布局,受到礼仪秩序、纲常伦理、尊卑名分等的约束,这种"人伦格局"的民居中存在一条空间之轴:门—门厅—院落—中堂—照壁。这是供团聚、议事、会客和祭祀之用的轴线,它规定了祖先与神灵、长辈与晚辈、男性与女性、内事与外事、私事与公事、生活与生产、日常生活与节日礼仪、正房与偏房、亲与疏、嫡与庶、主与从等关系。

作为传统江南民居整座住宅主体中核心的堂屋,一般为纵向排列的三堂:上堂为祖公堂,中堂为议事厅,下堂为门厅。堂与堂间以天井相隔,在大门、天井中轴线上设置的堂屋并不住人,其主要功能是摆放神祇和祖先的牌位以供祭祀之用,或用于迎宾接客、议事等。打开传统江南民居中轴线上的堂屋正门,是接待宾客的最高礼遇。传统江南民居中的廊房是家族成员的起居室,位于堂屋旁的耳房是长辈的居室,晚辈一般住在左右厢房。中轴线靠后位置上的正屋两侧,有厨房、客房、用人房等。在传统江南民居中,最好的堂屋留给了神祇和祖先,原因在于在儒家看来,祭祀和礼仪的重要性超过人居。

如图1-4所示为早期石库门里弄结构。石库门三开间两厢房或五开间两层楼的早期格局,尚有传统江南民居中空间轴线的存在:以

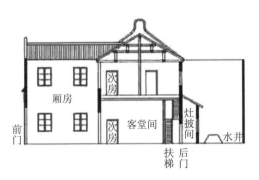

图1-4 早期石库门里弄结构

天井为中心,客堂间与两侧厢房形成一组与天井相互呼应的空间关系。但在石库门的发展过程中,这种中轴线逐渐被淡化。石库门黑漆大门面对的客堂间,虽已无传统江南民居所蕴含的众多作用,但仍保留了一些高下尊卑的特征,不少大户石库门建筑的客堂间里也会供奉神祇和祖先的牌位。不过,在石库门中,家长的地位超过了"神灵",祭祀的色彩明显淡化,人居的重要性日益增强。

此外,传统江南民居常采用可移动或者可装卸的板壁、屏门、屏风、格扇门窗等,这种灵活的屏隔方式是其一大特色。倘逢佳节或红白大事,可将这些屏隔全部拆卸,使客堂成为敞厅,与前后院连成一体,甚至可以作为临时的书场和戏院。在夏季,楼上隔扇可全部卸掉,敞若亭轩,四面透风,凉爽怡人。这种利用灵活的屏隔来改变建筑室内面积大小的方法,也被后来石库门建筑的设计者采用,石库门厢房前后多采用板壁、屏门,方便前后移动来改变空间的大小。

由此可见,石库门里弄借鉴传统江南民居的特点,保留了一些传统人伦尊卑有序的理念。此外,为适应商业社会的变化和租界有限的生活空间需要,石库门还采用了欧式的连排布局设计。这里说的欧式连排主要是指英国的毗连式住宅。我们都知道,英国资本主义发展较早,1840年伦敦人口已达250万,人口拥挤带来了住宅问题,为了缓解住房困难,伦敦、曼彻斯特等大城市先后建造了一些毗连排列的住宅。1845年出版的恩格斯名著《英国工人阶级现状》中有一段描述这种住宅的话:"后来出现了一种建筑形式,这种形式现在已普遍采用了,工人小宅子,几乎再也不用一所所地盖了,总见一盖就是几十所、几百所,一个业主一下子就盖它一整条或两三条街。"这种毗连式住宅,一般两至三层,砖木结构,一开间连着一开间,长十几开间,用地十分节约。毗连式住宅与传统江南民居的结合构成了一种能基本适应中国传统家庭在新的城市环境中的生活方式和居住理念的建筑样式。

二、从传统"水木作"到近代"营造厂"

19世纪60年代,上海租界内出现了近现代建筑业。租界造房不仅要按照开发商(洋行、洋商)的要求来建设,而且要按照其聘请的设计师设计的图纸和租界当局批准的执照来建设。当时的图纸除了大都以英制尺寸为标准外,还大量采用国外常用的标准规范建材,这对中国传统建筑行业既是机遇也是挑战。

中国传统民居建筑的营造主体是"水木作"(上海俗称),即以中国传统的营造法式为原本、以经验传授为主体的营建方法,建造中国式的居民住宅(如四合院、私人园林住宅等)、官衙、手工业作坊等。元朝至元二十八年(1291年),上海设县后,经过大兴土木,建造了寺庙、官署等建筑,上海地区出现了分散的个体的小规模水木作。个体经营的水木作在明嘉靖年间(1522—1566年)已经出现,这些以师徒或家族、同乡为主体的工匠作坊,至道光二十五年(1845年)已形成一定的规模。水木作带有浓厚的中式经营色彩,并自发捐资建鲁班殿,决议各种大事。

随着租界内地产的兴起,虽然地产开发大多为洋行外商,但营建主要由华商工匠承担。为适应上海租界建筑行业的新需求,租界内出现了一批中国最早的近代建筑业企业——营造厂,以及一批由水木工匠转型的营造工匠。据记载,1863年法租界要建工董局大楼,大楼由英国建筑师克内威特设计,华人承包商魏荣昌(音译)承建。工程于1863年7月开工,并在规定期限内完工,这表明华人营造厂和工匠已经基本掌握了近代建筑的建筑工艺技术。随着上海的人口增加和大兴土木,当时出现了一大批华人营造厂,与租界一江之隔的浦东川沙地区,涌现了大量水木作工匠和"川沙帮"营造厂。由于浦东川沙具有地理优势(每天只要过江就能工作),这些水木作工匠又肯认真学习洋商要求的建筑规范和技术,有些头脑灵活的工匠甚至还学会了简单的英语会话(俗称"洋泾浜英语",即由中文注音的英语会话),更有一批佼佼者成为优秀的建筑工人。

1880年,以上海川沙杨斯盛创办的"杨瑞泰"为标志,诞生了一批具有上海特色的近代营造厂。除杨瑞泰营造厂外,其他还有陶桂松开设的陶桂记营造厂等,这些营造厂均留下了许多经典建筑,其中体量最大的便是石库门里弄。营造厂营建石库门里弄采取打样设计、登记审批和包工包料等形式,对业主工程承发包,形成崭新的近代营造方式。1895年前后,还出现了中国人的设计作坊,"周惠南"打样间是第一家。同时,顾兰记营造厂、钟惠记营造厂等承建了大量的石库门里弄民居。1895年,上海成立了"沪绍宁"各帮联合的水木公所。

当时,颇具影响的营造厂主要有以下几家:

1. 杨瑞泰营造厂

杨瑞泰营造厂是上海第一家由国人开设的营造厂。厂主杨斯盛,川沙人,早期开水木作,清光绪六年(1880年)开设杨瑞泰营造厂。初期主要承接公平洋行投资的工厂厂房建筑工程,营造厂按照西方建筑承包商的管理办法,设经理主管,雇用一批专职账房及工程监督、材料管理人员承揽工程。10年后发展成为规模较大的营造厂,承包了外滩江海关二期工程、浦东海塘工程等。后期,杨瑞泰营造厂转靠英商爱尔德洋行并继续经营建筑和房地产。杨斯盛去世后,其子接任厂主,但因经营不善而最终破产。厂里一些管理人员(如顾兰洲、江裕生等人)遂自办营造厂,很快成为上海近代规模较大的厂商。杨瑞泰营造厂办公处前期不详,后期设在凤阳路厂主住宅内。

2. 姚新记营造厂

姚新记营造厂为近代早期上海规模较大的营造厂。于清光绪三十一年(1905年)创办。厂主姚锡舟,上海人。姚锡舟早年在租界工部局当小工,与外籍工程师交往甚密,后当上小包工,不久自设营造厂。清光绪三十二年(1906年),上海早期钢筋混凝土结构建筑——电话公司大楼招标,姚新记营造厂一举中标,大楼于光绪三十四年(1908年)建成,姚新记从此成名。后又承建规模较大的钢筋混凝土工程,如南京英商洋行大型冷库、吴淞大中华纱厂、上海法国总会等。此外,姚新记营造厂还投资兴建南京龙潭水泥厂、崇明大通纱厂等。转向实业后,工程管理委托亲属操办。营造厂于民国十五年(1926年)承接中山陵一期工程,但因陵园机构拖欠工程款,加上材料供应不及时,工程竣工后,营造厂亏损严重,宣告停业。厂事务所早期在闸北恒丰路,后期在今江西中路62号。

3. 裕昌泰营造厂

裕昌泰营造厂是近代上海规模较大、时间较长的营造厂。始创于清宣统二年(1910年)。初期由张裕田、乐俊堂、谢秉衡3人合股,取名"裕昌泰"。裕昌泰营造厂成立后,先后承建了工部局办公楼等大工程,均取得成功。后于20世纪20年代因承建日华纱厂工程时亏损较大,裕昌泰解体。谢秉衡带领全班人马改创"创新营造厂",于1920年重新注册。厂址迁到新大沽路(今大沽路)526弄,同时在爱多亚路(今延安东路)中汇大楼302号设事务所,在外埠设分厂。厂里聘用会计主任和现场工程师等专职人员,为扩大业务还购置了起重机、拌水泥机等机械。该厂从创办到中华人民共和国成立前,承建的较大工程有宏恩医院、大华公寓、杨树浦煤气厂、蜜丰绒线厂、怡和啤酒厂、虬江码头、乍浦路桥、日商三纱厂、日商四纱厂、南洋兄弟烟草公司、麦边大楼、川沙上海杜氏祠堂、南京邮政局等。营造厂后期由谢秉衡之子谢芳芹接管，一直到上海解放后。

4. 新仁记营造厂

新仁记营造厂是近代承造上海地区知名工程最多的一个营造厂。由何绍庭创办于20世纪初。民国十一年（1922年）竺泉通以入股形式参与经营。后进行改组，成为一个字号下的4个分号联营厂，即"新仁记承号""新仁记通号""新仁记仁号"和"新仁记盈号"，这种有分有合的管理经营方式很快在市场竞争中占了优势。总部组织机构比较齐全，股东（董事）下设总经理、协理。管理人员有20多人，分工有工程师、监工、会计主任、翻译等，其中多数学历较高。该厂在上海设有自用堆栈、库房，有较齐全的建筑设备。承接业务以外商工程为主，承接的主要工程有沙逊大厦（现和平饭店北楼）、都城饭店、汉弥尔顿大楼（现福州大楼）、百老汇大厦（现上海大厦）、刘鸿记房子（现轻工业局大楼）、花旗总会（现上海市中级人民法院大楼）、四川路桥、河南路桥等。厂注册地址在威海卫路（今威海路）450号，事务所在江西路（今江西中路）170号，堆栈在澳门路。营造厂当年分配方法为：以利润分10股，1股做公益金，3股做职工分红，余下均归厂主。民国二十六年（1937年）后，厂主何绍庭不愿和日方合作，停业达6年，到民国三十二年（1943年）总厂宣布解散，由分号各自找出路，这种情况一直持续到中华人民共和国成立后。

5. 陶馥记营造厂

陶馥记营造厂是近代上海以及全国规模最大的营造厂。民国十一年（1922年）由陶桂林创办。开办初期在武宁路盖房用作办公兼住家，在靠江宁路一边盖工棚做工场。当时承建的工程有宝隆医院、俭德储蓄所等,后由于经营不善,濒临破产。民国十六年(1927年)承建广州中山纪念堂一举成功,营造厂也从此转折,开始发展。先后承建了当时国内最高的大楼上海国际饭店和南京中山陵三期工程。在之后不到10年的时间内,营造厂还先后承建了南京灵谷寺阵亡将士纪念塔、浙赣铁路贵溪大桥、南昌赣江大桥、淮河下游3座船闸、上海大新公司等十几项比较大的工程。当时,营造厂平均每年工程额有几百万元,工程最多时全厂有员工2万多人。抗战期间,陶馥记营造厂作为政府指定的几家大厂迁往内地。全厂的职工与设备一起先撤到武汉,同时在湖南、贵州、云南、四川等地设分支机构。民国二十六年(1937年)后,营造厂在困难的条件下先后承建了后方兵工厂、发电厂、地下仓库、政府会堂等大工程,还在香港设立事务所,主营建筑器材。进入20世纪40年代,营造厂公开招股成立股份有限公司,由银行界、建筑界和社会知名人士、职工个人入股,在近代建筑行业中较为领先。

6.其他

此外,当时还有一些比较有名的营造商与营造厂,具体如下:

王松云:王仁泰营造厂(1903年创办),先后承建哈同花园(爱俪园)、中汇大楼(和平饭店南楼)、四明里住宅群等。

周瑞庭:周瑞记营造厂(1895年创办),先后承建俄罗斯领事馆、礼查饭店、桂林大楼、新闻报馆等。

钟惠山:钟慧记营造厂,先后承建会乐里、群玉坊、真德里等旧式里弄住宅。

陆鸣升:陆福顺营造厂(1929年创办),先后承建蒋介石、宋子文、孔祥熙等人的住宅等。

杨瑞生:杨瑞记营造厂(1903年创办),先后承建上海证券交易所大厦、巴黎戏院、新光大戏院等。

叶宝星:利源合记营造厂(1930年创办),先后承建国际饭店基础、新永安公司基础、衡山饭店、麦琪公寓等。

顾梦良：梁记营造厂（1945年创办），先后承建卫东精舍、和平电影院、新世界大楼、米高美舞厅等。

姜锡年：合办昌升营造厂（1928年创办），先后承建宏恩医院（今华东医院）、杨树浦华铝钢精厂、陕西咸阳国棉一厂等。

徐源祥：徐源记营造厂（1904年创办），先后承建毓秀里10幢里弄住宅、普善山庄、同仁辅元堂等。

第四节
石库门里弄的分布与影响

一、上海石库门里弄的分布范围

20世纪20年代末到抗日战争全面爆发前夕，石库门里弄成为上海这座城市的主要民居形式。其分布范围也从最初的租界扩展到城市的边界，大部分仍在租界。其中，以目前的黄浦区为中心，向北、西、南三个方向推进至虹口区、静安区、卢湾区，并在普陀区、徐汇区、长宁区有所分布，"大体上形成了一个以黄浦区为中心的早期石库门里弄民居的居住区，和环绕在北、西、南三面的后期石库门里弄民居的居住区"。华界的南市区和闸北区也建有不少石库门里弄住宅。可以说，石库门里弄的分布范围与上海城市边界的扩大恰恰是吻合的。当时，虽然在上海的城郊地区也有石库门里弄的分布,但那只不过是特殊现象。如图1-5所示为上海市中心石库门群落鸟瞰。

图1-5　上海市中心石库门群落鸟瞰

| 二、石库门成为中国近代城市民居的范式 |

　　20世纪二三十年代,石库门里弄建筑开始传播到中国其他一些城市。与上海同时开埠的宁波在19世纪中期开始在甬江北岸外滩(开埠后被强行划定为商埠区和外国人居留地)设立英、法等领事馆,"在界内照章租地,建造屋宇栈房",亦出现了石库门里弄住宅,这些里弄住宅与上海的石库门里弄建筑具有广泛的一致性。到20世纪20年代,宁波的石库门里弄建筑也达到了鼎盛时期,占了当时城区民居建筑的一半以上。中华人民共和国成立前,在宁波江北外滩一带就流传有"皇家库门有来头,石头库门百姓楼,苍苍白发老宁波,哪个不曾楼上走"的民谣,形象地说明了石库门在当时已经成为宁波主要的居住建筑形式之一。当时除宁波外,杭州等地也开始模仿上海石库门里弄建筑成片兴建住宅。

当时,石库门里弄建筑不仅在上海周边城市开始传播,而且沿着长江黄金水道向中国其他重要城市传播复制。1861年,武汉(汉口)开埠,其商贸迅速繁荣起来,被誉为"东方芝加哥"。1900年前后,汉口城市的发展引起了上海房地产商(主要是外商)的注意,他们陆续在武汉兴建住宅,上海石库门里弄建筑模式被引进汉口,于是当地出现了"里份"的民居建筑形式,其实质与上海石库门里弄建筑并无二致,早期的汉口里份与上海的石库门里弄完全一样。从19世纪末至20世纪30年代末(1937年抗日战争全面爆发前),武汉共兴建208条里份,其中汉口有164条3308栋房屋。里份代表了当时武汉最高的房价水平和住宅建筑水准,随着石库门里弄建筑在上海以及武汉等城市的大获成功,这一建筑模式也开始向北方重要城市传播复制。1860年天津开埠后,英、法、美、德、日、俄等国在此建立租界,19世纪末20世纪初,天津的租界开始出现成片的石库门里弄建筑。到抗日战争全面爆发前,石库门里弄建筑在全国范围内达到鼎盛。因此,石库门里弄建筑可以说是中国近现代城市建设的标志。

三、石库门里弄建筑建设停滞

抗战的爆发,尤其是1937年的淞沪会战的爆发,使上海石库门里弄的建设被迫停滞。当时,上海华界因为是淞沪会战的主战场,大量工厂、商店、公共设施等毁于兵燹,上万个石库门里弄被夷为平地,上百万上海人沦为难民,涌入租界。华界满目疮痍,一片萧条。

淞沪会战的巨大破坏和战争前景的不确定性,使得租界的石库门建设活动瞬间停顿,一些在建的项目,包括在南京路上尚未完工的房屋也变成了难民寄居所。当时,虽然上海石库门里弄建筑的建设几乎停滞,但是由于日本对英美等列强有所忌惮,使租界暂时保持了相对安定的社会环境(俗称"孤岛时期")。在这种特殊的局势下,租界经济仍然有所发展,1938—1941年间(太平洋战争爆发前),仍然有一些石库门里弄陆续建成。

1941年12月8日,太平洋战争爆发,日军占领租界,接管了全部英美企业及个人资产。一些华商大资本家和有钱人纷纷逃离,上海经济一蹶不振,全面凋敝,石库门里弄的建设也一样萧条。据不完全统计,公共租界日据时期,只建成了7处石库门里弄住宅,其中属于现在黄浦区的有2处,属于现在静安区的有5处。

1945年抗日战争胜利后,举国期盼中国能走进和平发展的新阶段,可是因时局不稳,加上恶性通货膨胀等严重打击了中国的经济,这对石库门里弄建设的影响更为巨大,直至1949年中华人民共和国成立前,石库门里弄的建设仍然处于停滞状态。据不完全统计,1946至1949年,当时上海市区内(即租界范围内,1945年抗日战争胜利后光复)建成的石库门里弄住宅一共只有12处。石库门里弄建筑在经历半个多世纪的迅猛发展后,在当时基本停滞,中国近现代建筑业遭受严重打击,几乎全面破产,石库门里弄的辉煌从此不再。

第二章
石库门里弄建筑形态

从1853年开始出现到1949年建设停滞,石库门里弄住宅业已走过近百年的历史。根据其建造时间、建造材料与建造风格等的不同,石库门里弄大致可以分为早期石库门里弄、广式里弄、新式里弄及变异里弄(花园里弄、公寓里弄)三个阶段。每个阶段,石库门里弄建筑的设计理念、形制功能以及建筑形态都有所发展。

第一节
石库门建筑形制

石库门建筑的基本特征是传统江南民居与英国联排式的完美融合,其在设计理念中既包含了中国传统居住之道,又呈现了"中西合璧"的海派居住理念。石库门建筑规划布局紧凑,总弄、支弄形式多样,呈"王""非""丰"字形等不同布局形式。建筑空间多由天井、客堂、楼梯、灶披间、亭子间、阳台、阁楼、老虎窗等组成。

一、石库门里弄的布局与居住理念

1.居家——"天人合一"的传统居住之道

上海石库门里弄民居既继承了传统江南民居中立帖式砖木混合的建筑构架和院落围合的形式,在外观上又吸收了部分西洋建筑艺术的装饰手段,是中西合璧的海派风格的具体体现。因为里弄建筑占地面积小,布局紧凑,适应了商业社会土地利用最大化的趋势,所以这种建筑形式在上海甫一出现便迅速扩展开来。

走进石库门,迎面多是由江南民居演变而来的"天井"。天井是指四面有房屋或者三面有房屋而另一面有围墙抑或两面有房屋另两面有围墙的中间空地。天井在南方房屋结构中较为常见,一般为单进或多进房屋中前后正间中,两边为厢房包围,宽与正间同,进深与厢房等长,地面用青砖嵌铺,因面积较小,光线为高屋围堵显得较暗,状如深井,故名。天井具有扩大空间与采纳阳光等功能,也是家居休闲、养花晾衣、乘凉聊天的胜境。

穿过天井就来到了客堂间,这里是会客、就餐、供奉的场所。早期石库门正房客堂一般为三开间,两边为厢房,与天井围合,晚期石库门民居多为一开间。客堂有一排6~8扇落地窗,可以拆卸,拆卸后客堂与天井融为一体。客堂后为楼梯间和灶披间。为节约用地,石库门里弄民居一般为两层或三层,二楼至屋顶斜坡多作为阁楼使用,并在屋顶开设窗户,人称"老虎窗"。在一层半处有亭子间,上面还有晒台,是观景休息和晾晒养花的地方。

石库门建筑有一家一户的,也有多户住在一栋石库门建筑中的,后者形成了上海特有的"七十二家房客"现象,可以满足各个阶层的住房需求。石库门建筑开启了中国近代城市民居住宅的先河。在上海这座繁华拥挤的城市中,石库门民居将有限的居住空间营造成安逸闲适的市民之家,其合理的功能、安居的环境和小天井体现了人与自然和谐的居住方式和传统理念。

2. 里弄——"中西合璧"的海派居住理念

里弄,上海俗称弄堂。石库门里弄采用江南传统民居合院式格局和欧洲联排式住宅布局,融中西建筑样式于一体,千变万化。里弄设有总弄和支弄。每排单元横向联排建筑的侧面为"总弄",纵向建筑每排之间有"支弄",支弄一般联排10～20幢石库门,宽3～4米,供相邻居民往来使用。里弄多呈"王""井""丰"字形等布局。总弄设有门楼,上海俗称过街楼,是马路和里弄的分界。门楼往往是里弄标识的装饰重点,总弄设有门锁,清晨开启,深夜关闭,走进门楼,相对封闭。联排山墙既有传统风格的马头、观音兜、"人"字硬山、叠落、荷叶、栲栳等样式,也有各种西洋风格的山墙。

石库门里弄临街的建筑多为满足居民日常生活所需的商铺,开设有老虎灶、烟杂店、理发铺、当铺等极具里弄特色的商业形态,产生了近现代意义上的社区。

3.街坊——"精美多样"的里坊吉祥标志

上海石库门里弄有两种标识性的门:一种是里弄门楼,一种是石库门。每座石库门里弄都有自己的名称且内容各异,其不仅反映了上海城市地理、历史、人文、行业等情况,而且是表达市民愿望的重要载体。

里弄命名方式,虽有以故乡、地名、人名或行业命名的,但绝大多数仍为祈愿平安、吉祥或传递崇尚传统道德理念。其中,祈求吉祥平安的,有永吉里、吉祥里、祥庆里等;祈求福寿昌盛的,有寿松里、金寿里、福庆里等;崇尚传统等伦理道德理念的,有敦厚里、敬业里、孝思里、善德里等。里弄的命名体现人们对居所的美好寄托和愿望,增加了石库门里弄的归属感。

里弄门楼为石库门建筑的标识,极富装饰效果,最显著的特征是有名家书法题名,中西合璧的建筑装饰,有的是中式年号落款,有的是西式公元纪年,各式各样,造型优美、工艺精巧,既表达吉祥平安愿望,又构成都市风景。这些题名样式反映了石库门里弄独有的民俗风情和文化记忆,是石库门文化内涵和建筑艺术的集中体现。如建于1930

年的步高里,总弄门口采用中国牌楼的古典建筑形式,又有飞檐、拱门,上部为传统的瓦屋顶,并镌刻"步高里""1930"以及"CITY BOUR-GOGNE"的法文字样;又如衍庆里,石刻门匾弄名为苍劲有力的魏碑体,现在仍清晰如初。

| 二、石库门里弄建筑形制与功能 |

石库门里弄建筑形制主要由弄堂、天井、客房、厢房、前楼、亭子间、灶披间、晒台、门头、老虎窗、山墙、门窗、过街楼等构成。

1.弄堂

有一定规模的石库门里弄,四周多被街道围合,沿街都是店铺。里弄群体有总弄(图2-1)和支弄(图2-2),总弄口设有大门,过去有看门的工友。当时英租界巡捕房的巡捕(警察)常常雇用的是印度人,有的里弄也就找印度人来看大门,弄堂口大门旁站着高大的、头上裹着红头巾的印度守门人,彬彬有礼,身材魁梧,显得格外安全和气派。弄堂口一般都开有烟杂店、老虎灶(开水铺)等店铺,另外还有一些卖日用品及晨昏点心、小吃的摊点,给居住在里弄的人们带来诸多的方便。

图2-1 总弄

图2-2 支弄

总弄是里弄的交通干道，是石库门里弄最大的公共空间，一般4~5米宽，可以通行机动车辆。总弄两侧是对立的石库门房子的山墙，山墙上做出了各种装饰，显得整齐又别致。

与总弄相接的是支弄，石库门房子就排列在这些支弄上，支弄不宽，一般在3米左右，当时流行的人力拉的黄包车勉强可以通过。这些弄堂不宽，就节省了用地，资本家可以在有限的土地上盖更多的房子。因为弄堂连着住家，房靠房，左邻右舍，前门后门，这里就成为人们交流以及户外活动的场所，这些总弄、支弄构成的里弄空间也就形成了石库门独特的风情。

从街面到总弄、支弄，再到一户一户的石库门，将居住空间有序地分成公共空间（街面）、半公共空间（总弄）、半秘密空间（支弄）和私密空间（石库门住宅）等不同的层次，这种空间组织对外相对封闭，对内较为稳定，可以产生很强的地域认同感，也让人感到很安全。

随着上海人口的不断增多，土地、房产价格一路飞涨，一家一户居住的石库门逐渐变成了多户居住，有些居民将多余的房间租出去，成为"二房东"（房地产商是大房东）。人口一多，原本清清爽爽的弄堂就变得杂乱起来，因为房子拥挤了，许多家什和水池等就移到了门外来，且这种情况越来越严重，狭窄的弄堂里塞满了杂七杂八的东西，显得十分杂乱。同时，为了生活的需求，有的住家在里弄里也开出了各种商店和工厂，这样，上海里弄就不是一个单纯的居住地了，而是一个内容丰富的小社会了。

2. 天井

石库门里，大门进去就有一方天井，天井（图2-3）是上通天下接地的风水宝地，人们可以在这里感受四季的变化。就在这一方小小的天井里，人们可以栽几盆花草，养一缸金鱼。天井的主要功能是改善石库门的通风采光，有了这个天井，客堂、前楼、厢房便有了可以向外开

图2-3　天井

图2-4　客堂

窗的地方。上海租界里地皮昂贵，石库门房子里有了这个小天井，就既可以满足住宅最基本的通风采光要求，又符合中国传统住宅的理念，关起门来是对外封闭的宅院，却能通过天井与天地相通。在屋里敬神祭祖，点支香，烧些纸，让天上地下的神祇能够知晓自己的虔诚。有了这个天井，石库门户外的弄堂就可以开得狭窄些，从而形成了上海石库门里弄的低层高密度的布局形式，达到土地最大的利用，容纳最多的人口。

3.客堂

石库门前楼正中是客堂（图2-4），也称堂屋、中堂，面对天井和大门。客堂是从江南民居中沿袭而来的，地坪一般要比天井地面高出一个踏级，这在潮湿的上海很有防潮的作用。客堂前面是一排落地长窗，后面是屏门，屏门前放着八仙桌，讲究的人家在八仙桌后还设有长条几，条几上摆放香炉、花瓶、自鸣钟等物件。八仙桌旁摆放有靠背的太师椅，左右两侧是茶几和椅子。客堂是石库门住家的主要房间，也是合家团聚吃饭的地方，上海人称这里是客堂间，也就是接待客人的地方。一些有文化和崇尚风雅的人家会在客堂内悬挂名人字画，信佛的人家会在供几上供奉观世音菩萨像，商人家则多摆放关公或财神像。

客堂左右通厢房，后通厨房、下房，所以这里也是整幢房子的交通枢纽,是公共活动空间。

4.厢房

客房和前楼的左右房间称厢房。有的人家将厢房做成书房或卧室,楼下厢房一般给老人住,这样老人可以不要爬楼梯;楼上厢房一般给小辈做卧室和读书的地方,有的就成为小姐的绣楼。厢房一般光线充足,环境安静。

5.前楼

前楼位于客堂楼上,人口少、住房宽绰的人家常将其做成客堂楼,这里是女主人会客的地方,也是打麻将、家人聚会的地方,大多数人家将前楼做成主人的卧室。前楼一般朝南,有宽敞的空间,阳光充足,推开窗户是自家的天井,有一种温馨安定的气氛。

6.亭子间

亭子间是石库门房子后楼厨房上的那间房,面积不大,一般在10平方米以内。亭子间多在房子的拐角处,因其方方正正,像小亭子一样,因此被人称为“亭子间”。由于亭子间楼底下多是厨房间,烧饭时热气腾腾,顶上有的做成了晒台,夏天上烤下蒸,热不可当,又因房间朝北,冬天寒风凛冽,居住条件很差,故而租金便宜,租住的多为穷文人和小市民。20世纪二三十年代,一些作家文人住在这小小的亭子间里,写出了许多精彩的文章,出现了所谓的“亭子间文学”。如图2-5所示为局促的亭子间。

图2-5 局促的亭子间

7. 灶披间

灶披间是上海人对厨房间的称呼。早期的石库门厨房是单层披顶,就叫灶披间,后来后楼都改成两层,楼上就是亭子间。起先石库门的灶披间有一个江南人家常用的两眼灶台,下有火膛,上支起两口铁锅,砖砌的灶头,这种灶就是烧柴草的,后来改烧煤球了,砖砌的灶头普遍都拆除了。如图2-6所示为尚未普及煤气前的石库门灶披间。原先石库门是一宅一户,灶披间也很宽绰,可以放一张小桌子,平时做事、吃饭都很方便,后来多户入住以后,每家都要煮饭烧菜,灶披间就显得拥挤而杂乱了,狭小的空间免不了碰撞挤占,自然就会生出许多矛盾和纠纷。同时,这里也是主妇们相互交流、相互照应的地方。灶披间里不能缺少的水池,多户入住后变成公用的,也难免会发生纠纷,后来就出现将水池改设到户外的支弄里及增加水龙头的情况。每户还装有分户电表,厨房墙上就挂满了电表,这也是石库门的一种特殊的"景色"。

图2-6　尚未普及煤气前的石库门灶披间

8. 晒台

中国人喜欢晾晒衣物,洗过的衣服不经太阳晒过总认为没有干透,石库门里弄没有宽绰的室外场地可以晾晒。早期石库门在单层的灶披间屋顶上搭一座木制的晒台,这种晒台有专门做的小木梯,晒台上有晒衣木架,四周做有木栏杆。后来石库门的灶披间变成两层了,楼上是亭子间,亭子间顶上做成了晒台。晒台使用较为方便,很受住户欢迎。后来入住的人家多了,晒台四周加了板墙,上面加盖了屋顶,也就变成了住房,如图2-7所示为简陋的晒台。

9.门头

石库门的门头最有特色,其是上海里弄建筑的特征,它是从江南民居的门头脱胎转化来的。江南民居的大户人家门头

图2-7　简陋的晒台

多用雕花砖装饰,一般朝街巷的外门头较为简朴,对外不露富,而大厅、院内的门头有的则做得极为精巧考究,四周有镂雕的砖刻花饰,中间是砖刻的名人题额,以显主人的高雅和富庶。上海石库门的门头沿袭了这一做法,开始也用石料和砖雕花饰来做门头,后来逐渐就呈现出上海的特色,改用容易加工的胶泥、纸筋石灰等。这一做法造价低、施工方便且容易变换花样,有的再施以油彩,显得别致、新派和醒目。石库门的门头是建筑师和工匠发挥艺术才能的地方,当时上海流行的西方各种艺术花饰都在石库门的门头上出现过,充分反映出中国传统文化和西方艺术的融合。这些石库门门头,每个里弄做得都不相同,这样,即使同样的房子,一式的弄堂,但因有不一样的门头,新来的住户便不至于找不到家。

10.老虎窗

石库门房子开始是没有老虎窗的,后来居住人口多了,有的住户为了多增加面积,充分利用两层楼上坡屋顶下的空间,在二楼加搭了一层阁楼。阁楼无法开侧窗,只好在坡屋顶上开了一个天窗,窗顶上做出另一片反向的小坡屋顶,这些小坡屋顶远远望去就像一个个老虎头,上海人称这样的窗户为"老虎窗"。住在这种三层阁楼里是很不舒服的,因为房屋层高低,大人直不起腰,只有走到老虎窗口才可以把上

图2-8　老虎窗

半身伸出去透透气。如图2-8所示为老虎窗。

11. 山墙

石库门房子的山墙,就是房屋侧面的墙,因为要在侧面封住三角形的屋顶,因此也呈现出中央高两旁低的造型,这种侧山墙在中国传统建筑中叫硬山。在中国江南城镇中,有的山墙做成阶梯形的马头墙,有的是观音兜式的云墙,上海石库门的山墙并没有完全仿照江南传统民居,它们有的就仿照西方山墙的造型和花饰,同时又拥有上海自己的特点。一排排的石库门房子,里弄中的总弄两侧就是一片片的山墙,人们走近弄堂,第一眼看到的就是这些山墙。因为山墙很显眼,也容易给人留下印象,因此业主和设计师很重视它们的造型,他们尽力使千篇一律的山墙立面变得丰富和生动起来,并使之成为石库门里弄的一大特色。如图2-9所示为带有西方装饰风格的石库门山墙。

图2-9　带有西方装饰风格的石库门山墙

12. 门窗

老式石库门房子的门窗,基本上是江南民居门窗的式样,大门是石箍门框,实木板门,有两个门环。天井后的客堂间都是落地长窗式的隔扇门,这种隔扇门用柱轴支承,可以拆卸,当热天或要扩大室内外空间时可以拆下来。这些隔扇都是木窗棂,前期主要是传统式样的花饰,以后逐步简化成大方格玻璃窗。厢房等的外窗起始也是木窗平开,顶格做成支折窗以通风透气。再稍后建造的新式石库门的窗格都有了改变,增加了窗户的尺度,窗上花格也多有西洋式样,在有些石库门房子上还装上了从西方传来的百叶窗,有很好的防晒、挡雨及隐蔽的效果,但造价较高,一般石库门是不采用的。在外墙上的窗框、窗楣、窗台等构件,有的做得较为讲究,也多采用西洋花饰,显得洋气十足,富有特色。如图2-10所示为上海市内最大的石库门群落金家坊的石库门门窗。

图2-10 金家坊的石库门门窗

13. 过街楼

石库门里弄的弄堂口一般有过街楼(图2-11),就是跨在巷道口的架空的楼房,这种过街楼中国和西方的老城都有。弄堂口是整个里弄的门户,要重点装饰,设计师常把这个廊道做成拱券式,好像城门一样,下面安有大铁栅门,拱券上方有的标有里弄名称、建造年代,四周的图案装饰花纹有标志性的作用。上海石库门常以"里"来命名,这些里弄名称有的是有含义的,如犹太籍投资商哈同出资建造的里弄都以"慈"

图2-11 过街楼

字命名,这是哈同为了纪念他逝去的母亲,是"慈孝"的意思;有的里弄名是迎合人们求平安祈福祉而用了一些吉祥的字词;也有的里弄用"邨""村""坊"等来命名。

第二节
石库门里弄类型

　　小刀会起义、太平天国运动,使得租界迫切需要大量住房以满足日益增多的人口居住的需要,外商看到上海租界房地产庞大的需求,于是抓住商机在租界里兴建房屋。虽然由外商主导建房,但实施建房的多是中国本土工匠(以浦东川沙帮为主),因此产生了中西合璧的石库门里弄房屋。石库门里弄房屋的发展大体分为以下三个阶段:①1860—1900年,此时石库门里弄尚属早期,其设计建造还带有浓厚的江南民居建筑的色彩;②1900年以后,随着住宅设计、施工水平的提高,以及上海经济的发展和人们对住房要求的提升,石库门里弄类型演进出新的形态——广式里弄、新式里弄;③20世纪40年代后,开始出现花园式里弄和公寓式里弄等变异类型。

一、早期石库门里弄

石库门房屋兴建于19世纪60年代,1870—1910年间是早期老式石库门里弄的兴盛时期。石库门最早在英租界内建造,后来逐渐扩展到南市、虹口、闸北和法租界内。石库门房屋采用具有浓厚江南传统民居空间特征的单元,按照西方联排住宅的方式进行总体布局,一般为三开间或五开间,主要部分为两层楼,后部附属房屋多为单层。在纵向布置上,每个单元又有一条明显的中轴线,平面总是对称布局。整座住宅前后各有出入口,前立面由天井围墙、厢房山墙组成,后围墙与前围墙大致同高,形成一圈近乎封闭的外立面。这种布局方式在某种程度上保留了我国传统民居中封闭式深宅大院的样式。它与我国传统建筑相比,最大的不同莫过于沿弄道一面的"石库门"了。门头即指石料门框上方三角形或圆弧形或长方形的雕饰,用砖砌成或用水泥做成。最初,雕饰构图与图案均受到西方建筑风格的影响,有一些门头装饰已完全变成了西式门楣或窗楣之上的"山花",形成了石库门弄堂中最有特色的景观。如图2-12所示逸庐的门头装饰即为此种"山花"。

图2-12 逸庐门头装饰

囿于当时的经济条件,早期石库门弄堂都比较狭窄,一般在3米左右。早期石库门常仿江南民居建筑中的仪门,挑檐下的砖雕十分精致。在门楣与门框之间常有四字吉祥横批,石库门框采用从苏南或宁波一带运来的石料,屋盖在木构架上铺桁条,上铺砖望板和蝴蝶瓦。建筑的内部装修也十分讲究,对外窗户不多,但墙内部大都是统排门窗,也符合过去传统住宅封闭的要求。这样的构造,使得石库门虽处闹市,却仍有一点高墙深院、闹中取静的好处,颇受当时卜居租界的华人富商的欢迎。

二、广式里弄、新式里弄

1.广式里弄

　　19世纪末20世纪初,一种叫作广式里弄的石库门建筑从老式石库门里脱胎而来。与老式石库门住宅相比,广式里弄最明显的特点是不设天井和石库门门头。此类住宅房式比较低矮,单开间,两层高,外观颇似广东城市里的旧宅。因居民大多数为广东籍人与一部分在沪的日本人,故一般称其广式里弄住宅,也有称其"东洋房子"的。

图2-13 华忻坊

　　广式里弄初期多建于沪东,建于1900年左右的八埭头、华忻坊(图2-13)是广式里弄较为典型的实例,其他的还有如九江里、荣寿里及新华南里等等。广式里弄住宅又分"老广式"与"新广式"两种。老广式里弄住宅总体布局排列为行列式,单开间毗连。在单体平面上去掉了石库门及前天井,总进深相应变浅。平面布局前为客堂,层高为两层,底层在3.3米左右,二层在3米上下,后有单层灶披间。广式里弄在结构、用料上比早期石库门里弄住宅稍差些,采用砖木结构立帖式,正面为板窗;底层正中有两扇木板门,两侧开木板窗,二层正中开一小板窗(后来有的改用玻璃窗);蝴蝶瓦屋面,地坪用泥土夯实。在住宅设备上,有的屋内无自来水,有的屋里有水、电,无煤气和卫生间。老广式里弄住宅一般是三四户居民合住一幢。

新广式里弄住宅出现于1919年。新广式里弄基本上保持老广式房屋的形式,总体布局亦呈横向联排的行列式,单开间毗连,砖木结构。在单体布局上,房屋开间由原来的4米左右缩为3.5米,进深由14米改浅为6.5米,房屋层高由原来的3.8～4.2米改为底层3.3米、二层3米左右;房屋正面改用砖墙及玻璃门窗,屋面采用机制瓦,后面原来的单层灶披间亦改为两层,与主屋连成一体,底层为厨房,上层为亭子间及水泥晒台;主屋两层,底层作为起居室、卧室,楼上均为卧室,小楼梯置于房屋中部,取消了小天井,布局紧凑。新广式里弄住宅租金较贵,后来有许多房屋经过改装为日侨居住。

2. 新式里弄

1919年前后,上海的资本主义工商业有了较大发展,原有的里弄住宅类型已不能适应资产阶级及上层知识分子的生活需求。此外,由于人口急剧增加,租界建房扩展,地价急剧高涨,建筑向高发展,传统的两层高的石库门住宅开始向三层发展,室内卫生设备也开始出现,出现了新式里弄住宅。

这一时期,大家庭逐渐解体,加之人口剧增,形成了不同经济水平的需求。此外,西方文明不断渗透,工商业蓬勃发展,上海出现了一批高级公司职员及工商业主,他们对住房和生活质量的要求也逐渐提高,不再满足木板式、几个家庭挤在一栋房子里的格局。这样,为适应一幢一户的需求而建的新式石库门里弄出现了。

新式里弄住宅在设计上注意环境安静，卫生设备也较齐全，居住面积设计紧凑，大部分为单开间，适于小家庭一幢独住。新式石库门里弄在房屋结构上有所改进，由老式石库门的立帖式改为砖墙承重，一般使用"人"字形屋架，过街楼、店铺和亭子间、晒台等部位使用钢筋混凝土梁和楼板。石灰粉墙取消了，外墙普遍采用清水青砖墙或清水红砖墙。后因小家庭结构的普及和土地价格飞涨、房价成本提高等因素，房地产商更注重建筑容积率和市民租售的需求，逐步取消了三开间两厢和五开间两厢的平面，推出了两开间和单开间平面。其中，单开间不设厢房，两开间平面设单厢房，厢房分隔成前后两间。后天井由横向改为纵向，改善了采光和通风。后天井后部改为与前部房屋错层的灶间，上面是亭子间，亭子间上面是晒台，扶梯作为错层的过渡连通。石库门本身的装饰性更强了，出现了越来越多的西式建筑装饰题材。砖墙承重不再采用马头墙，石库门门框也多用假石等人工材料代替过去的石料。

新式石库门采用清水砖砌门框，门楣的装饰也变得更为繁复。受西方建筑风格的影响，门楣常用三角形、半圆形、弧形或长方形等花饰，类似西方建筑门窗上部的山花楣饰，是石库门建筑中最有特色的部分。有些新式石库门还会在门框两边使用西方古典壁柱的样式，作为装饰。总之，新式石库门在建筑风格上更加西方化。里弄住宅的规模扩大，先以数幢或数十幢为一排构成分弄，然后又以数条分弄组成总弄，同时考虑到私家车和消防车进出的需要，总弄的宽度也大大增加了。

新式石库门里弄的大门并不一定位于天井客堂中轴线上，围合封闭的天井逐步变成开放的前院，并出现了从客堂独立出来的专门的餐厅空间，西式抽水马桶和浴盆、暖炉等新型设备也开始进入里弄住宅中，少数的还有汽车间。可以看出，这个时期上海中上层社会人们的生活习惯受到了西方文明的进一步影响。

新式石库门里弄的分布随着租界的扩张逐渐由市区的东段向西段发展,大体上由静安寺一带往西扩展到中山公园附近,由旧法租界重庆南路往西扩展到襄阳南路一带。新式石库门

图2-14　尚贤坊

里弄大部分为独户使用,淮海中路的尚贤坊(图2-14,1924年建)、延安中路的福明村(1931年建)、延安中路的四明村(1928年建)等可作为这类住宅的代表性实例。

三、石库门里弄的变异类型
——花园式里弄、公寓式里弄

随着上海地区经济的不断发展,社会阶层分化也愈加明细,居住在石库门里弄的已经不仅是生活拮据的下层百姓,更多的是以律师、医生、高级职员等中产阶级为主体的居住者。因此,在石库门里弄基本形态的基础之上,20世纪40年代后,开始出现花园式里弄和公寓式里弄等变异类型。这两种住宅虽然在总平面布局上具有里弄形式,但是实际建筑标准已经接近高级独立式住宅。

1.花园式里弄

花园式里弄住宅的形式和形成有其本身的演变过程。在此之前,里弄住宅开间已经多样化:里弄出现绿化,石库门高围墙已不多见,里弄房屋设有天井,使用面积扩大,这一切都为逐步过渡到花园式里弄住

宅打下了基础。1940年后,新式里弄住宅逐渐演变成花园式里弄住宅。

花园式里弄住宅以一间半式及双间式居多,室内多设壁橱、铺硬木地板、装钢窗等,浴厕卫生设备较齐全。层数三层或四层不等,或兼有假层处理,注重朝向及通风采光;墙身粉刷较前有明显变化,常用水泥拉毛或粉刷成各种颜色;阳台用细花铁栏杆,有的门窗还用几何形图案加以装饰,建筑外观有西班牙式屋顶和近代立体形式。花园式里弄较为典型的有建于1936年的福履新村、建于1934年的上方花园(图2-15)、建于1939年的上海新村和完工于1941年的顺天邨等。

2. 公寓式里弄

花园式里弄住宅的投资成本较高,售价和租金自然也是居高不下,能够居住在这里的,大多是沪上或外籍的实业家。为了满足更多的住宅需求,一种经济实惠的公寓式里弄住宅出现了。这种里弄不是每家一幢或两家合用一幢,而是和公寓一样,每一层都有一套或几套不同标准的单元,如图2-16所示为采用独用梯间的新康花园(位于淮海中路),另外还有采用一梯两户合用形式的茂海新村、紫苑庄等,以及采用一梯四户合用形式的永嘉新村等。这些公寓式里弄住宅保留了花园式住宅环境优美的特点,因采用毗连式、双联式或多联式而降低了造价。这类里弄住宅的居室面积一般不大,层高也有所降低。室

图2-15　上方花园

图2-16　新康花园

内装修讲究实用、简洁。设计注重使用功能与经济适用,阳台一般不再挑出,而转向采用较深的凹阳台。建筑外墙粉刷常采用水泥粉光或水泥拉毛。

第三节
石库门里弄空间

中国历史上并无里弄房屋这一建筑形式,上海石库门里弄建筑采用里弄格局建设,是中国住房建设的一个划时代的变化。

石库门里弄本质上是一种模式化的居住建筑,对人们的生活方式和组织方式有一定的规定性。石库门里弄形成了"大马路(街区)—总弄—支弄—家"这一从大到小的有序渐变空间序列。同时,石库门里弄临街设计的"市房"(临街店铺)是极具里弄特色和中国传统意味的商业形态,其还导入了西方近现代城市生活配套设施,构成了中国近现代城市化进程中最早的社区城市服务体系与社区概念。总的来说,石库门里弄空间构建了"城市空间—街区空间—里弄空间—家庭空间"这一中国近现代城市空间序列的范式。

一、城市空间与街区空间

上海开埠建立租界,最早建立的英租界管理机构叫道路码头委员会,负责道路、码头的建设和管理事务,开始模仿英国城市建设方法来建设上海租界。1856年,英租界开始规划道路建设,1870年规定道路宽度大于12米,将当时上海县城的道路(宽6米)加宽1倍,在实际建造中,主干道宽12~18米,一般道路宽10~15米。在棋盘式道路布局中,东西干道宽于南北干道,据专家分析,东西道路宽主要是为了适应黄浦江沿岸码头装卸货物运输的需求,因而形成上海南北向道路相对拥堵的状况。两条道路之间间距较小,一般不超过100米,有的为50~60米,形成了小街坊的格局。1862—1865年,英租界共命名了25条道路,大多以中国地名命名,其中南北向道路多以省名命名,东西向道路多以城市名命名,形成了上海市中心(英租界)的街坊布局。

之后,上海英租界(包括后来的法租界、美租界以及公共租界)不断将道路延伸,甚至超出租界范围,在租界以外地区建设道路,不断扩大租界范围和管理范围。这种以先修道路带动周边建设的方法,在当时是颇为新式的,这种扩张(尤其是越界筑路)侵犯了中国政府的管理权(主权),同时也促进了城市建设、地区繁荣和土地增值。随着租界水电设施的建设,上海城市(尤其是租界)现代化达到当时亚洲先进水平。街坊的形成,使得上海建房规划走上科学的轨道,英租界规定所有房屋均建在街坊之内,街坊四周是马路。1852年起,又开始在道路下面铺砌下水道(以后又布置瓦筒式排水管道),有组织地布局排水系统,使街坊内的商户、住户均可以安装下水道,排放雨水、污水,达到了现代化城市的水准。

| 二、里弄空间 |

在我国文字中,"里"和"弄"不是一个概念,"里"指街巷,所谓"五家为邻,五邻为里"。上海租界建立以前,上海老城厢(即现在黄浦区原南市区的范围)也有一些称为"里"的地方。英租界开发商建设成片房屋,也吸收了中国元素,称这些成片房屋为"××里",以示聚居的意思,如上海最早出现的"兴仁里""公顺里"等,就是向大家宣示这是一群房屋。到20世纪30年代后,上海开始建造更先进、质量更好的所谓新式里弄小区,就不再采用"里"的名称,而采用"邨""坊"等名称,以示区别。在当时人们的共识中,以"里"命名的石库门里弄小区为旧式里弄,而以"邨""坊"命名的小区为新式里弄(往往还属于高档小区)。

"弄"的原意是一个胡同或者一条小巷,在上海旧城区也有一些以"弄"为名的小路。上海英租界最早建设的一批小区中,被规划的通道称为"弄堂"。英租界于19世纪60年代对房屋进行编号管理,形成地名地址,地名地址由"××马路××弄××号"组成;对于一些复杂的地名,采用"××马路××弄××支弄××号",如慈厚南里就由多个弄组成,东斯文里也由多个弄组成。这种"里"和"弄"的称呼体系,展示了上海特有的里弄布局。

"弄"作为街坊内的通道,在规划布局石库门里弄建筑时,有很重要的作用。早期石库门里弄房屋布局通道形式大体为"1"字形、"非"字形(亦称"鱼骨形")、"T"字形、"n"或"u"形等。

如早期的兴仁里采用总弄、支弄鱼骨式布局,计有南北总弄1条、东西支弄各4条,主弄(在1946年6月前的地图上称为总弄)为宁波路120弄,弄长107.5米。当时弄堂多用长石条铺砌,石条下面铺有排水沟,主弄宽约3.5米,支弄宽约3米。据记载,总弄、支弄共计有弄地约1193平方米。这个小区由著名的大型房地产开发商——老沙逊公司所建,由于道路比较宽敞,布局相对优化,房屋质量也较好,所以吸引了20多家钱庄、票号云集其中。

公顺里则采用2条南北主弄、4条东西支弄布局,主弄(总弄)宽超过3米,支弄宽只有2.5米。据记载,总弄、支弄计有弄地约686平方米。

1920年建的福康里，弄堂更是宽阔，弄堂面积达到325平方米。福康里有2条南北总弄，西面一条在地图上称福康路，东面一条称为福康里。东面总弄宽3.5米，还有7条支弄宽3米。福康路的总弄宽度达到7米，几乎达到上海老城区道路的宽度，也达到英租界早期规定的道路宽度，路面采用混凝土浇筑，下面有上下水管道，因而在早期地图上称之为"福康路"也是实至名归了。

四明邨新式石库门里弄也采用总弄、支弄的布局，总弄宽度达到7米，支弄最宽达到5米。四明邨与福康里这种宽度的总弄不仅可以进出东洋车（上海俗称黄包车），还可以进出小轿车，其弄宽在6米以上，基本上达到20世纪90年代上海商品住房开发对小区内道路宽度的要求，由此可见，20世纪二三十年代上海里弄布局是相当超前的。石库门里弄形成总弄、支弄的格局，给居民居住带来了全新的体验。

采用总弄、支弄布局，只要在总弄口设立看弄工，就可以在一定程度上保证弄内的安全，这在当时是一大优势。加之租界内治安总体可控，总弄、支弄既有弄堂口值守，又有高围墙、厚重石库门，能给人一种实实在在的安全感，深受当时城市中产阶层的欢迎。

采用总弄、支弄布局，人们回家先是从喧嚣的马路进入人流相对较少的总弄，再进入人流更少的支弄，这种逐步进入的方式，将市井喧嚣隔绝在里弄之外，而里弄之内则是一片宁静的世界。

采用总弄、支弄布局，房地产商可以实时管控租客情况，一些如租客进出、每月收租额定等工作，也均由看弄工协助。同时，房地产商还要求看弄工提供一些服务，这种服务是以前从未有过的：第一是安全看门服务，这既可以维持弄口治安，也是管理、监控弄内变化的一种手段；第二是提供里弄清扫服务，这在全国是最早的，里弄清扫对居住小区的意义很大，给居民一个整洁卫生的环境，清扫还包括定期清除垃圾桶（间）内垃圾、疏通下水管道等。这些服务为房地产商赢得了口碑和声誉,也给看弄工提供了收取小费的机会,更改善了房地产商、看弄工、租客之间的关系。

老式石库门里弄房屋没有独立的卫生设备,都是采用倒马桶的形式。当时的房地产商与专业收集粪便的企业商定,每天由其集中收集粪便,每只马桶每月收费0.18元(19世纪末以银圆计)到0.35元(20世纪50年代)不等,所以上海人打扑克"40分"(一种打牌的游戏)时有"3角5分马桶钿"之说。收集粪便的企业除收取上述服务费外,还可将粪便装船出售给附近农民,两头收费很快富了这些企业,当时甚至诞生了所谓的"粪便大王"。

采用总弄、支弄的布局,由于弄内家庭、人口集中,房地产商还利用总弄口沿街的市房,为里弄居民提供日常的小型商业服务。总弄口的"烟纸店"(上海俗称)也就成为里弄生活设施的标配了,这些小店不仅出售油盐酱醋茶和香烟、草纸、酒等商品,还允许叫卖点心等食品的小商小贩进入里弄叫卖。这种叫卖一般出现在傍晚甚至晚上,因为这个时候叫卖推销的效果最好。

总弄、支弄的布局,使一大批来自全国各地的人,在上海很快便能找到一个安定的居住环境,也加快了外来人员对上海的认同感。同时,大家居住在一起,一条大弄堂使大家的生活习惯越来越趋同化,给外地人融入上海创造了条件。人口的密集也促进了能显示上海人身份的上海话的传播,当年最有意思的是那些外地来沪人员的子女,在儿童时就会唱沪语儿歌"乡下人,到上海,上海闲话讲不来,咪西咪西炒咸菜",足见其以"上海人"自居并为之自豪。

｜三、生活配套｜

图2-17 老虎灶

1.老虎灶

老虎灶(图2-17)又称熟水店,据说最早出现于清嘉庆年间(1796—1820年)。因其烧水处的炉膛口开在正前方,如同一只老虎张开的嘴巴,灶尾有一根竖得很高的烟囱,故被形象地称为老虎灶。

老虎灶本来是染坊的副业,后来逐渐发展成为一个单独的行业,为弄堂里的居民提供开水。老虎灶的存在大大方便了弄堂居民。在灶旁空隙的地方放一张桌子,两条板凳,开水又是现成的,就成了一家具体而微的茶馆。老人早起,用不着走大老远找喝茶的地方,弄堂口的老虎灶因陋就简地解决了一切。石库门里缺乏洗浴设备,尤其夏天洗澡更成大问题。老虎灶里用布帘一隔,放一个浴盆,就成了最简单的浴室。虽然比不上正规的浴室,然而其方便这一长处却是任何浴室取代不了的。

老虎灶对使用燃料也不挑剔,可以烧煤,可以烧柴,甚至木屑、刨花之类也能烧。于是,不起眼的老虎灶遍地开花。据不完全统计,在20世纪40年代,上海至少有700家老虎灶,50年代更多,居然有约2000家,这与当时上海人的收入普遍不高是有关系的。

2.烟杂店

烟杂店(图2-18)上海人称"烟纸店"。一般店面都很小,因多是夫妻俩张罗一切,所以又有"夫妻老婆店"的雅号。烟杂店虽小,但日常家用的货品却很齐备,而且价格低廉。烟杂店经营也很灵活:信封可以买一只,信纸可以买一张;一般卖香烟都论条论包,在这种店里可以拆包论支出售。根据统计,在20世纪50年代,上海的烟杂店超过了1万家,它们分

图2-18 烟杂店

散在弄堂的各个角落,或许就在弄堂口,也可以在一片街区的马路拐角处。

3. 当铺

当时,生活在石库门里的还是以生活贫苦的人居多,青黄不接时稍稍值钱的东西就会被送进当铺,换几个钱急用。随着石库门在上海扩展,典当行也向全上海扩散。因为当时一些生活贫苦的人经常要去那里质典,

图2-19 当铺

换一些钱救急,所以当铺又被称作"老娘舅"。如图2-19所示为当铺。

当铺的结构相差无几。走进店堂,迎面一块大木屏风,用来遮挡路人的视线。走过屏风,就是一个装着栅栏的高高的柜台,前来质典者递上想质押的物品,柜台后的"柜缺"说出一个数额,得到认可后,当即开出写明所当物品名称、数量、新旧、抵押金额、贷款利率、到期时间等信息的当票。通常,当票上的字不仅写得龙飞凤舞,而且还有不少是只有当铺人才能辨认的"典当字"。

4.弄堂口的"三摊"(理发摊、皮匠摊、小人书摊)

弄堂里的理发摊十分简单,只要一张凳子,一个脸盆架子,再加上剃刀和剪刀就可以开张了。理发师傅的手艺还是过得去的,设备虽然差些,但胜在价钱绝对低廉,老人和小孩是他们最基本的客户。理完发后,顾客从理发师傅那里还会得到一些其他的享受,比如掏耳朵,用一把细细的锋利的绞刀,伸进耳朵里轻轻一绞,绝对有一种妙不可言的感觉。当然,这些理发师傅还有其他的绝活,比如按摩,上海话叫敲背,也是让人很享受的。

皮匠摊(图2-20)就是修鞋摊。在弄堂口的一角,摆着简陋的木柜、架子,各种物件分门别类地收纳在木柜中,鞋油、胶水、保护液、维修工具等整整齐齐地放在架子上,修好的鞋子错落有致地摆放着,皮

图2-20 皮匠摊

图2-21 小人书摊

匠摊杂而不乱,井井有条。皮匠坐在小板凳上,手持工具,动作麻利地修着客人送来的皮鞋,在他的前面放着一把专为客人提供的小凳子,在修、改皮鞋之余,皮匠一边工作,一边与客人攀谈,不一会儿,鞋子就修好了。皮匠摊除了修鞋外,还为弄堂里的居民兼修拉链等易坏的生活小物件。

小人书又称"连环画"。专门出借小人书的摊头则叫"小人书摊(图2-21)"。从民国后期开始,弄堂口出现了不少小人书摊。小人书摊的书架是两爿可以开合的大书夹制成的,中间用合页链接,两爿书夹合起来就

成了一个扁长的盒子,收摊时摊主用小车推走即可。书夹整齐地靠墙排列着,书夹有很多层,上上下下分门别类摆放着很多图文并茂的小人书。两三只长板凳、五六只小板凳顺着墙边一溜摆开,小人书摊就可以开张营业了。厚点的小人书一分钱就可以借读一本,薄的一分钱可借两本,花几分钱租几本自己喜爱看的连环画,可以静静地坐在那儿看上几个小时。弄堂里的孩子空闲时间除了结伴玩游戏外,剩下的就是去小人书摊看小人书。那时,在弄堂口的小人书摊上看小人书是孩子们精神上的至高享受。

5. 菜市场

石库门里弄不仅在局部装饰上采用了西方建筑的修饰元素,而且在日常生活上也接受了西方的管理模式,菜市场的出现就是很好的例证。

1864年,法租界仿照西方模式,兴建了中央菜场,这是近代上海最早按照西方近代市政管理模式辟建的菜市场,是西方社区生活模式在中国的移植。到了19世纪后期,因为公共租界人口日增,市面繁荣,沿路设摊有碍交通,所以在1892年就出现了真正的公共菜场建筑——虹口菜场。

虹口菜场,亦称三角地菜场,因其建筑平面呈三角形而得名,位于汉璧礼路(今汉阳路)、蓬路(也叫文监师路,今塘沽路)、密勒路(今峨眉路)三条路的交叉空地上。1892年,工部局耗资24000两白银在这里搭建了一个大型的木结构室内菜场,瓦坡屋顶还带有气楼,地面开水沟,是当时沪上最早和规模最大的室内菜场。次年6月1日开始营业,摊位供出租,进入市场的商品须纳税,同时收缴管理费。

20世纪30年代左右上海建造的一批菜场,无论是在公共租界还是在法租界,它们在建筑材料与式样上也完全是紧跟西方潮流的,一般都采用先进的钢筋混凝土结构,有的还采用无梁楼面以争取更好的空间与光线。这批菜场从外形看上去更简洁，不加任何装饰。

此外，当时不同地区、不同类型和不同消费对象的菜场有各自不同的特点。一些处于闹市区的大型室内菜场，品种繁多，除鱼肉禽蛋蔬菜外，糟醉腌腊风、虾蟹龟鳖螺一应俱全，有的还卖水果和鲜花。有的菜场还根据聚居区居民的特点经营特色菜，如虹口菜场供应日本侨民需要的"日式菜"，小沙渡路菜场供应英美侨民喜食的"西式菜"等。

6. 煤球栈

在煤气普及之前，上海石库门里弄的居民以煤球炉作为主要的炊具。煤球栈根据时代的变迁和供应品种的变化，先后被称为煤薪炭店、煤球店、煤饼店。早期的煤球栈主要经营煤、炭、柴、草等燃料。早年，上海的煤炭商人先从杭州采办煤炭运到申城，再分送到各个煤球栈，供居民、商家做炊事之用。20世纪20年代，上海创办了第一家机制煤球厂——中华煤球公司第一厂，从此，煤球在石库门居民中得以普遍使用，几乎每个里坊都会设有一家煤球栈。煤球栈鼎盛时，数量难以计数。

7. 混堂

大部分石库门里弄住宅没有完善的卫浴设施，"孵混堂"曾是石库门里弄居民主要的洗浴场所。当时，上海遍地有混堂，每个混堂都有自己的"筹码"。为了方便识别，每家的筹码长短不一，颜色不同，各有用处，且在上面都刻有自家的店名。

擦背、扦脚是混堂中两大特色服务项目。孵混堂曾经是上海人重要的生活方式之一，尤其是每逢大年三十，每个弄堂的混堂口一定会排起长队，居民想在这一天将一年的"老坑"（污垢）"汰浴""汰"掉，换上干干净净的新衣服，迎接新年的到来。上海知名的老混堂主要有天津路浴德池、石门二路卡德池、普安路日新池、北京西路新闸路口大观园、淮海东路逍遥池等。

8.学校(弄堂学校)

上海开埠后,大量西方传教士入沪开设各种传教机构(教堂),在传教的同时,也将近现代西方的教育方式传入我国,于是出现了大量的新式学校,如1846年美圣公会传教士文惠廉在虹口创办的基督教男塾,1847年美国基督教怀恩堂在四川路设立的怀恩中学(四川中学),1849年法国天主教传教士南格在徐家汇天主堂附近设立的徐汇公学,等等。之后,国人也开始创办各种新式学校,早在1863年,洋务运动领袖李鸿章就在沪设立了广方言馆。从此以后,新式学校近现代化的教育成为上海居民主要的教育方式。晚清民初,为了普及近现代教育,石库门里弄又成为上海重要的教育空间之一,诞生了大量的"弄堂学校",以满足本街区和邻近街区学龄儿童受教育的需要。

9.宗教

上海本身就是移民城市,不同地区的移民有不同的宗教信仰。当时的上海新建了不少宗教设施,既有传统的庙宇、道观,也有教堂、清真寺等,为了祷告礼拜的方便,居住在石库门里弄中的人们往往会在弄堂里设立简易的宗教场所,其中最有名的要数虹口海宁路附近的猛将弄。同时,这些与石库门里弄共存的宗教设施(教堂、寺庙等)在当时还起到社区中心的作用,如虹口长阳路犹太教摩西会堂曾是第二次世界大战期间上海犹太难民聚居区中的宗教活动中心,居住在附近弄堂里的犹太难民会定期来此参加各种宗教活动,之后,这里还成为犹太难民举办各种活动的场所。

10.公厕

在中国传统的农耕社会中,并不存在近现代意义上的公厕,通常情况下，人们大多随地如厕。上海开埠后，西方文明的如厕方式也随之传入，在石库门里弄中出现了公共厕所，改变了国人的如厕习惯。现在公益坊内海宁路514弄尚能看到上海市内现存最老的公厕，距今至少有80年历史。在四川北路大德里还贴有"不准随地大小便""不准随便倾倒垃圾"等各种倡导文明卫生的标语。

11. 医院

上海是中国较早接受近现代西医的城市之一。清同治三年(1864年)，公济医院在上海诞生；清同治五年(1866年)，美圣公会在虹口一带创办了同仁医局。之后，西式医院在沪普遍发展起来。清光绪十七年(1891年)，粤绅在沪开办了首家西式医院广肇医院，西医渐入人心。除了正规医院外，在石库门里坊中还普遍设有传统的中医堂或简陋的西医诊所，为石库门里弄居民提供诊疗服务。当时，接受过较好教育的中产阶层(尤其是留洋归国者)普遍青睐西医，而文化层次较低或经济较拮据的上海市民则普遍倾向中医。

12. 影剧院

19世纪末，上海近现代城市化发展日益加快，西方时兴的娱乐方式迅速传入。1908年，西班牙商人雷玛斯在当时虹口乍浦一带石库门较密集的区域开办了中国首家专业电影院——虹口影戏院，并且大获成功。之后，上海又陆续出现了国泰电影院、美琪大戏院、大光明电影院、大上海电影院等，一时间，看电影成为当时上海时尚都市生活的标志之一。这些电影院除了放映电影以外，还兼演各种戏剧，如宁波的甬剧、越剧，苏南的评弹、苏北的淮扬戏，广东的粤剧，本地的沪剧、滑稽戏等，以满足居住在石库门里弄来自五湖四海的上海移民的精神文化需求。

13. 商业街

上海是商业大都会。近代石库门里弄住宅的产生,最大限度容纳了密集的人口,为上海商业的繁荣奠定了基础。南京路、淮海路、四川北路是当时上海最知名的三大商业街,其上各种商业店铺林立。这些商业街的周围遍布着石库门街坊,它们既是商业街消费人群的提供者,又是商业街商业空间的提供者,形成了近现代城市商业的消费生态。当时,除上述三大商业街外,还有其他一些经营特种商品的商业街,如当时全国闻名的(东)大名路五金一条街,街两侧多为石库门里坊,很多临街居民破墙开店,从事五金商贸等活动。

14. 弄堂工厂

上海是中国工业的发源地,弄堂工厂是上海工业化进程中特殊的现象。1934年上海社会局的调查显示,当时仅雇工5～30人的弄堂工厂就有4000余家,这些弄堂工厂多生产收音机、玻璃、热水瓶、灯泡、陶瓷、炉子等新兴日用品。当时的轻工业制造广泛散布于杨树浦、苏州河沿岸以及有租界优势的肇嘉浜工业区,这些弄堂工厂普遍设在上述地区租金较低、廉价劳动力充足的石库门里坊里,出现了近现代上海颇具规模的"弄堂工厂"都市文化现象。

15. 书店书局

除了弄堂工厂外,书店书局也是弄堂重要的产业之一。早在1882年,徐鸿复、徐润在熙华德路(今东长治路)的师善里创办国人自营的第一家石印书局——同文书局。进入20世纪以后,虹口四川北路一带的石库门弄堂里,先后存在过不下40家各种书店书局,著名的有景云里的大江书铺及公益坊的南强书店、水沫书店、辛垦书店等,这些石库门里坊的书店书局不仅繁荣了当时上海的文化事业,而且也是当时人们宣传新思想、新文化的重要阵地。

第三章
石库门里弄营造技艺

石库门里弄营造技艺既脱胎于中国传统的营造工艺,又吸收了当时上海建筑业流行的西洋风,还引入了新技术、新材料、新理念。因此,其营造技艺的总体特点是洋为中用、土洋结合。

石库门里弄营造技艺对空间人性化的把握,广泛采用城市住宅建设新技术与新工艺,且整体采购,批量建造,技术工艺构件化、流程化,形成了节约型、工业化的住宅建筑营建方式。这一营造技艺的丰富性、创新性特点,构成了独特的海派建筑技艺。作为一种全新的建筑样式,石库门是上海开拓一种有别于传统方式的新生活、走向新文明的标志。同时极具意义的是,石库门为上海创造了一道前所未有的特别的城市风景线。

第一节
设计与报批

一、打样间与里弄设计

上海开埠初期,工匠修建房屋时是不用设计图纸的,只是根据业主的要求核计后做一些粗略的图示,在图上注明"双龙线""单线""叠角""叠手"等营造术语,即可凭经验施工。

石库门里弄民居营建受西方建筑施工方式的影响,首先要有明确的建筑设计图纸,然后营造厂工匠按图施工,因此建筑设计的"打样"成了石库门里弄建造工艺的第一个环节。最初,外国人在租界的设计公司被称为"建筑洋行",如当时比较著名的国外传入的建筑师事务所有德和洋行、公和洋行、马礼逊洋行等等。当时中国人的设计作坊俗称"打样间",早期石库门里弄大多由洋行和打样间设计。

20世纪初,租界几乎没有华人建筑设计师(当时也有华人在美国学习建筑设计的,其中最有名的当属詹天佑了,后来其成了中国铁路建设的名人)。1932年,上海出现了华人注册建筑师。1936年租界注册的建筑师事务所有39家,中国建筑师注册的事务所占12家。另外,从其他一些资料中也可以看到华人建筑师的影子,如周惠南(1872—1931年),江苏武进人,清光绪十年(1884年)来沪,在外国房地产公司供职,通过自学与实践掌握了建筑设计的基本方法,开设了周惠南打样间。周惠南于1917年设计了大世界游乐场①,但终因人数稀少,未成气候。

相较而言,外国建筑师事务所则阵容庞大。公和洋行(Palmer & Turner Group)是当时上海最大的设计公司,至今仍是香港(香港名为巴马丹拿事务所)最大的设计事务所之一,外滩汇丰银行大楼(即现在浦东发展银行大楼)、海关大楼、沙逊大厦(即现在和平饭店)、峻岭公寓(即现在锦江饭店老楼)等均为其代表作;思九生洋行设计了怡和洋行大楼(在外滩北京路口)、四川北路邮电局大楼、嘉道理住宅(即现在延安西路上海市少年宫)等;赉安洋行设计了法国总会(即现在茂名路花园饭店裙房)、培恩公寓等;赫赫有名的邬达克更是在上海留下了众多的名楼,如南京路的上海国际饭店、大光明电影院、吴同文住宅等。

随着上海历史上从未有过的海量建筑物的建造,上海的建筑行业迅速发展。光绪二十三年(1897年),上海建筑业翘楚杨斯盛、顾兰洲、

---

① 不是现在延安路西藏路的大世界,而是在南京路西藏路西北角。今天新世界位置建的一幢两层楼的房屋,后面还有一片做表演用的空地。

江裕生等人筹建成立水木土业公所(即同业公会),选出12名董事主持公所,宣统三年(1911年)选张效良为董事长。20世纪20年代,中国建筑师自己创办了一些事务所,如庄俊建筑师事务所、基泰工程司、华盖建筑师事务所等。自此以后,石库门里弄的打样基本上由中国人开的设计师事务所完成。但是,当年中国设计师不论是在学历上还是在实践上都难以与外国设计师匹敌,再加上租界报批建筑设计全部要用英文或法文,这更是华人难以胜任的。1930年初,水木土业公所奉令改董事制为委员制,改称营造厂业同业公会,张晓卿、赵桂林等为常务委员,会所设于华界县城(今南市)安仁街硝皮弄105号。同年该会还成立上海建筑协会,负责主持学术交流、发行刊物、传播建筑知识等,以帮助建筑行业业主和工人能快速与外商及外国建筑理念、技术接触,提升自身水平。

值得探讨的是,当时设计单位与施工单位的分工形式,不是现在的分工形式。当时的设计师只出框架设计图,并不出施工图和详图,施工问题均由营造厂自行解决,这给了营造厂很大的操作空间和自由裁量度。正因为营造厂有很大的自主权,所以虽然早期(1870—1910年)外国工程师设计了石库门里弄房屋,但建造时大多沿袭了我国历史上的建房式样,最典型的是木柱立帖式承重结构及桁条、望板砖、小青瓦的屋面等。这种以中国式样建造的房子,要让外国设计师来计算承重分布等应该是很困难的,所以,早期石库门里弄房屋只能由华人营造厂商来建造,才能达到要求。

| 二、招投标与报批 |

石库门里弄营造除了打样设计外,还有招投标、登记审核、材料预制、建筑施工和建筑装饰等流程。上海石库门里弄营造招投标出现于

1880年前后，方式有多种，既有刊登广告的形式，也有业主邀请几家营造厂共同投标的形式。

1901年，英租界颁布了《公共租界工部局中式新房建造章程》（简称《章程》），加强了对中式房屋（主要针对的是石库门里弄住宅）的管理，这促进了20世纪以后上海石库门里弄住宅建造的发展，石库门里弄营造开始引入新材料、新技术，工艺技艺日趋规范。《章程》开宗明义，将建房尺寸、形制纳入租界工部局管理范围，工部局要求建房者（或公司）递交一份房屋底层平面图和剖面图，其绘制比例不小于16英尺（1英尺约合0.3米）比1英寸（1英寸约合0.025米），以供工部局审批。这样，房屋设计师（设计公司）及营造厂自由发挥的空间受到限制，从此石库门里弄营建走上规范化。

租界公董局、工部局及华界的工程管理机构建立审批登记，制定并颁布建筑法规，对逐步发展起来的营造厂实施开业登记制度并进行资质审定。如1869年上海公共租界工部局发布第三次《土地章程》，1910年法租界公董局发布《公路、建筑等章程》，1931年上海市工务局发布《上海市各区请照办法》，等等。只有业主完成开业登记后，营造厂才能对里弄建筑工程进行施工。

石库门里弄营造施工的流程大致分为工程管理和施工营造。营造厂厂主和技术人员进行流程管理，由固定的工匠师傅和从社会招募的各种工匠进行建筑施工，这些能工巧匠是里弄民居建筑装饰和修建的专业人员。建筑施工中尤以里弄民居的建筑装饰工序最为重要，其对手工艺要求较高，涉及木雕、石雕、砖雕等多项传统手工艺和装饰材料预制等技术工艺。

第二节
工艺与流程

| 一、早期石库门里弄营造工艺与流程 |

　　早期石库门里弄房屋是由我国江南立帖式房屋改良而来的,最主要的改良是将原来立帖式一幢幢分列的房屋连接起来成为联排式,大多采用两层楼房屋的式样。这种一排一排的里弄式石库门房屋群成为当时上海新的建筑风景线。

　　近代营造厂的出现,促使房屋建造形成产业,房屋建造开创了自身颇具特色的营建方式。当时建筑行业称建筑师事务所为"打样间"(俗称),房屋建造先要由打样间设计图纸,然后再交由营造厂建造。租界早期由于设计师、工程师很少,只能出一些概念性图纸,很少有详细设计图,这给了营造厂营建工人很大的自由度。如兴仁里弄内24幢石库门建筑,不论是占地面积还是建筑面积几乎没有哪两幢石库门房屋是相同尺寸的,这些建筑天井大小、后面披屋大小都不一样,这也印证了当时没有具体的设计图,任由施工人员根据实际情况和施工经验建造房屋这一事实。当时的施工人员(绝大部分即早期的川沙帮"包作头")根据本土江南立帖式房屋的基本格局来建造石库门里弄房屋,

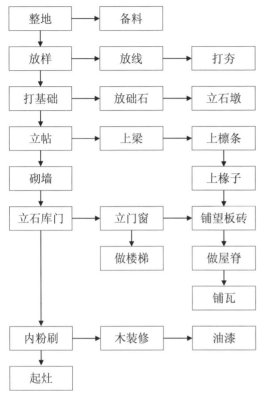

图3-1 早期石库门里弄营建工序

在此过程中，翻样师傅起了很大的作用。所谓翻样师傅，即现场施工的指挥者，一般由木工出身的高级师傅担任。翻样师傅有着极为丰富的营建本土传统民居建筑的经验，他们结合当时西方简单的建筑设计图纸，将它们转化为地面上的建筑，因而翻样师傅在营造厂、工地上都很受欢迎，在工地上有很大的权威，他们的工资待遇在众人中也最高。如图3-1所示为早期石库门里弄营建工序。

（1）放样。要根据图纸对建房进行定位。石库门里弄房屋绝大部分是一排一排联排式的，放样也是一排一排进行的。立帖式石库门房屋不论是三开间还是五开间，其中客堂（或称厅堂）和两边的厢房尺寸都是不同的，都要根据不同尺寸在相应地方放出样子。立帖式房屋在立帖下面有石墩做柱石，要确立石墩的位置：如一排五幢三开间房屋，如果是七柱落地式立帖房屋，就有近100个石墩，要在地面上确立这100个石墩的位置。还要根据马路情况确定房屋水平基点（±0.00），以避免在雨天时房屋进水。好在当时英租界已经建好马路，弄内房屋水平基点只要高于马路上街沿就可以了。由于当时缺少仪器，所以要测量水平只能采用土方法——一般采用木盆法，即在两点要测水平之处，树立标杆，中间用码线（一种蜡线）绷紧，将大木盆盛水放在码线中点之下，待木盆水平静后，在大木盆两边做码线垂线。

如果大木盆两边的垂线一样高低,则码线为水平;若垂线不一样高低,则码线不水平,需调整两端码线高低至水平。这种水平虽然不是很精确,但由于那时对水平要求不是很高,项目地块也不大,所以用这种土方法测量可以满足需要。

（2）基础。如图3-2所示为立帖式基础,先在定位点挖一个坑,坑底泥土夯实,再放置灰浆三合土（用石灰浆与碎砖或石子搅拌而成）,在上面砌三五层砖,砖上放置桑皮石（一种方形石块）,再放置石鼓墩,上面就可以立木柱了。这种坑一般深度为60～80厘米,石鼓墩是露在地面上的。当然,要将一排房屋近100个石鼓墩准确放到位置,而且在一个水平面上,对现场翻样师傅也是一种挑战。

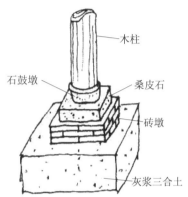

图3-2 立帖式基础

由于没有仪器设备,所以只能用眼睛来瞄准,施工人员采用T形目标尺,先将整个一排房屋四个角定位好,然后逐个石墩进行水平校对。因为木T形尺一样高低,所以只要把T形尺放在石墩上,每一排放三个以上,即可通过眼睛平视观察到水平高低。

（3）立帖。立帖式房屋就是将木桩立起来建成的房屋。上海早期的立帖式石库门里弄房屋立柱大多是直径15厘米左右的杉木。选用杉木的原因:首先是杉木不易腐烂,耐雨水;其次是江南地区多杉木,且杉树生长周期短,这样建筑材料成本就相对低廉;最后是杉木木材相对笔直,易于加工,可以直接做柱梁,这样建造房屋的周期容易控制。进行立帖式制作时,首先要将各个木柱、梁等木材上横竖接合的卯榫都加工好,在翻样师傅指导下,将木柱立起来,然后将二楼地板下的搁栅梁与立柱横向连起来,形成半个整体,用斜撑将立柱垂直暂时固定,再在木柱边上搭脚手架。接着就是上大梁了,上大梁要求比较高,俗称"大梁不正二梁歪",这根梁一定要放平、放准,而且应与最中间立柱卯接完整。大梁到位后再上"短柱",有时还要将装满泥沙的箩筐用绳子吊在横梁上,以增加立帖的稳定性。立好帖后,在两个帖之间放置檩条,所谓七路头就是指放置七根桁,以此类推,石库门里弄房屋的大体构架就形成了。

（4）砌墙。围着房屋四周搭好脚手架,由泥工砌墙。石库门里弄房屋的四周外墙大体是一砖墙或一砖半墙。立帖式房屋由木柱承重,墙体不承重,有的地方采用江南空斗墙作为维护墙,即将砖砌成盒状（中空）的一砖厚墙。据测算,空斗墙可以节约20%的砖。空斗墙对批灰（即将灰泥抹在砖上）要求较低,可以加快砌墙进度。一般空斗墙采用"一斗一盖"（即每皮侧立砖上盖一皮丁砖）。如果采用"二斗一盖",则可节约的砖更多,砌墙速度也更快。空斗墙一般采用外粉刷,即先用石灰浆泥刮糙,再用纸筋石灰做罩层,便可呈现出"粉墙黛瓦"的风格。东西边上的墙（俗称山墙）还要高出屋顶,并做"观音兜""人字头"等装饰结构,以增加建筑美观。早期石库门里弄房屋外墙均采用江南地方的青砖,外墙有粉刷,对泥工要求不高。屋内分隔墙大都为半砖墙并镶砌在木柱之间,因为不承重,有些地方便采用"六五砖"（俗称黄道砖）来填充。为了结构需要,有时还会先在砌墙的一定高度与木柱之间砌一块用木头做的"砖"（俗称木落砖）,再用钉子固定在木柱上,以保证墙与木柱的牢固性。

（5）屋面铺瓦。在檩条上放置椽子,椽子上安放望板砖,在望板砖上铺小瓦。在铺小瓦前,先采用小青瓦竖起来做好屋脊。铺小瓦是有规定的,"底瓦"要求搭接小于二分之一,"盖瓦"最好"三盖一",即一张底瓦长度上有三张盖瓦。

（6）木装修、内粉刷。木工先安装一楼到二楼的楼梯,同时安装二楼地板搁栅、地板,再立门、窗。早期楼板搁栅也采用杉木原木（直径10厘米左右圆杉木）,上面略做平整（即砍去一部分圆势,做平整）以便于安装地板。木地板是一种较宽的木板,大多也用杉木板或实木板。

木门窗也大多采用杉木制作,因为杉木比较轻,且易于加工,不足的是光洁度较差。门窗开关均采用"摇梗式",即在门窗一边附上一根硬木,两端出头,在门框、窗框的上槛安装一个中间挖空的木块,下槛安装一个中间有凹坑的木块,门窗先往上插进上槛的洞中,再放落在下面的凹坑中,这样就能开关门窗了。内粉刷一般采用石灰浆泥刮糙,外加纸筋石灰罩面。

(7)石库门及粉刷。一般由石匠来安装石库门。石库门的安装还是需要一定技术性的,石库门比较重,单是一个石箍套就有近千斤(1斤等于500克)之重。石材没有办法黏接,全靠石匠安装,先依靠石材自身重量立住,然后两边砌砖墙支住石库门,再在上面用砖墙压住石库门,木工将预先加工好的木门装在石库门上,里外再由泥工粉刷好墙面。最早的石库门里弄,外墙多采用纸筋石灰进行粉刷。

(8)油漆。石库门大门多是黑色的,窗(包括厅堂落地长窗)都要上油漆。由于木材表面有毛糙、木结疤等自然缺陷,只能用"猪血老粉"做泥子来填补,"猪血老粉"本身是红色的,用深红色的广漆可以盖住泥子颜色。

二、中期石库门里弄营造工艺及流程

20世纪20年代以后,中国设计师(主要是海外学成归来的设计师)、外侨设计师越来越多,越来越成熟。同时,华人营造厂商也在不断学习外来的建筑理念和建造方法,加之外来建筑材料的普及,尤其是砖瓦、木材、水泥、五金件等的普及运用,这些都使石库门里弄房屋的建筑质量和工艺不断进步,主要表现在以下三个方面:

一是房屋承重结构的改变。石库门里弄房屋开始放弃木柱立帖式承重结构而采用砖墙承重结构。石库门里弄房屋的建造,以前多是先夯实地面，放上石墩，上面立柱，然后是大梁、二梁，再是小立柱，木柱之间用砖镶嵌，这种砖墙不承重，只做分隔之用。20世纪20年代，石库门房屋采用了砖墙承重，多采用10英寸(1英寸约合2.54厘米)或15英寸承重墙，墙下又采用了"大方脚"基础，在乱土层或原河浜烂泥地区还要打桩，这种方式是国外普遍采用的。当时租界建筑管理部门已提倡承重墙采用15英寸墙，这是很科学、先进的。中华人民共和国成立后，上海市相关部门在评定房屋质量时，曾将15英寸砖墙承重住房作为一级住房标准的重要依据之一。

二是屋面的改变。原有的石库门里弄房屋屋面建造多采用桁条、椽子、望板砖，以小青瓦作为屋面防水。而改良的石库门里弄房屋则多采用屋架、桁条、屋面板、挂瓦条、平瓦，厨房及亭子间屋顶采用混凝土屋面防水，这也是一级住房标准的依据之一。这种承重墙-屋架-承重墙式的构造，要求在典型三开间、两开间石库门房屋的幢与幢之间采用砖墙承重，而在一幢房屋内部，厅堂与厢房之间并不采用砖墙承重，因而在屋面上引进了豪式屋架，其比原来木柱立帖式更先进、科学，屋面板、平瓦的防水保温性能也更好。

三是合院式的石库门里弄房屋的变化。我国传统民居大多为三合院、四合院式，早期的石库门里弄房屋也沿袭了这种布局。19世纪末到20世纪初，出现了单开间的住房，如前述的慈厚南里、东斯文里等。两开间石库门里弄房屋，后来成为上海的主流房型之一，这种房型颠覆了以前的一些传统概念：①没有了中心轴，也没有对称的概念，由于客堂开间大，厢房开间小，因而无法划定中心轴线；②天井、石库门虽在客堂前面的天井正中，但不在房屋的中心轴线上，有些偏离；③开间不再是单数，而是双数(两开间)；④后天井一改以前横向布局的方式而成纵向布局(这种房型的出现，很可能是经济原因所致)，其比一开间大，但又比三开间小，房租低些，更适合中等收入家庭租赁居住。

工艺与流程也都发生了改变，具体表现如下：

(1)设计图纸。根据1901年英租界颁布的《公共租界工部局中式新房建造章程》,里弄房屋的底层平面图和剖面图必须报工部局审批。房屋设计师(设计公司)以及营造厂自由发挥的空间受到限制,从此石库门里弄营建走上规范化的道路。如果说在兴仁里建造中,营造厂的工匠可以凭借自身丰富经验来建造,以至于各幢房屋占地面积、建筑面积、天井等各不相同的话,那么到了20世纪初,以慈厚南里、慈厚北里等为代表的石库门里弄在建造时,其单开间里弄房屋除了靠近弄堂通道建成两开间面积较大的石库门房屋外,其他单开间石库门房屋几乎一样:底层天井9平方米,底层房屋28平方米,后天井6平方米,后灶间12平方米。几百幢石库门里弄房屋统一规格尺寸,表明这是设计在先、按图施工的结果,以后石库门里弄的营建基本照此进行。

(2)放样。当时大批量建石库门里弄房屋,放样已采用仪器设备,否则难以达到要求的建房效果。另外,根据工部局的要求,还要在图上标注下水管道等。下水管道设计比上水管道设计难度要大:上水管道因为有压力,可以明管排布,上下位置略有差异问题不大;下水管道因为是自流重力管道,并且排放在支弄、主弄地下,若设计标高不当,就会"倒泛水",导致污水横流。下水管道的水平高差对放样提出新要求。20世纪初,大多房屋还是立帖式的(包括慈厚南里、慈厚北里),因此建房方式与以前相差不大。到了1910年以后,随着建材(主要是砖瓦、木材)使用变化,房屋质量要求不断提高,出现了一些新的要求和标准。

(3)基础。房屋承重开始由木柱(立帖式)木梁承重向砖墙木梁承重(即砖木结构房屋)过渡。砖墙承重房屋的基础是"大放脚"基础。当时要求"大放脚"深4英尺(约1.2米)、宽3英尺(约0.9米),6层砖每两层砖收身5英寸(每边收2.5英寸),由于对房屋的尺寸要求严格,因此在整排联列式石库门房屋的四周都要打"龙门桩",以控制房屋位置和质量。

龙门桩的形状像"+-+",上面由三根木桩构成,两根直桩打入土里,一根横梁上面有一排钉子,最中间是墙中心线(钉),左右两边第一颗钉是承重墙边线钉,左右两边第二颗钉是"大放脚"控制线钉,左右两边第三颗钉是土坑基础宽度钉,龙门桩下还有一桩是水平高低桩。龙门桩的使用,开始了以技术规范指导建房的历史。龙门桩有一系列技术指标,如基坑宽度、灰浆三合土配比及厚度、大放脚尺寸、承重10英寸墙位置及防水层、地面水平基点高度等,基本上可以列入科学范畴了。科学施工方式代替了师徒口口相传的传统建房方式。龙门桩的设立改变了原来以翻样师傅为主导的方式,而变成了以施工员(即现场指挥)为主导的方式。施工员既可以是木工出身,也可以是泥工出身,只要符合条件均可担任。如图3-3所示为龙门桩。

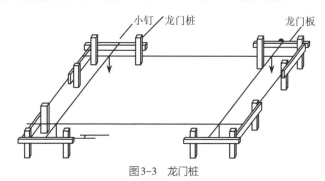

图3-3　龙门桩

(4)砌墙及脚手架。房屋采用砖墙承重,因此工地上最大的工程是砌墙。随着对砌墙要求的不断提高,对泥工的技术要求也越来越高。原来在立帖式石库门里弄中砌墙只有两类:一类是房屋外围的围护墙,一类是房屋内部的分隔墙。因砖墙两面要做粉刷,故对砌墙要求不高。随着承重墙的出现,尤其是房屋外围墙采用清水墙(即不再做粉刷),对砌墙要求大大提高。清水墙要求墙面平整,线条清晰,为了美观,在黑色清水墙中拉出几层机制红砖组成的色彩线条,这种横线条两色相拼墙面的艺术,源自英国伦敦的联排街面房屋。

随着对砌墙技术要求的提高,出现了泥工的"挡手师傅""头角师傅",即在一排联列式房屋的两端角上要有高级师傅把关,保证墙角垂直度和墙身平整度,还要兼顾红砖砌线条问题。当时采用了一种名叫"皮数杆"(上海俗称)的工具,即在一根木尺上标明每"皮"砖(即每层砖)的高度、红砖镶嵌的高度、门窗位置高度等,两头由"挡手师傅"砌筑,当中用"码线"拉直,一皮一皮沿着码线砌墙,同时要对准上下皮的水平灰缝,做到一样厚度、上下竖直砖缝在竖直线上对齐等。这些"挡手师傅""头角师傅"水平高超、技术精湛,传闻他们可以穿着纺绸白衣衫、黑布鞋上去砌墙,能做到清水墙面整洁,没有灰浆留下,砌的墙四平八稳,而且他们操作一天下来,身上竟无泥灰浆痕迹。到了20世纪70年代,这种高级师傅已很少见。当时清水墙有两种砌法:一种称为"皮灰式",一种称为"坐灰式"①。"皮灰式"是指左手持砖,右手用泥刀将灰浆皮在砖上,然后将砖放在砌墙上;"坐灰式"是指把灰浆直接放在砌墙上,先用泥刀抹平再把砖垒上去。要求高的清水墙一般采用探尺(上海俗称,一种剖面为"f"形的木制工具,边上有把手),将探尺沿墙放,由于探尺也有一定厚度,所以要先将灰浆抹平再放砖,以保证砌墙灰浆厚度一样,墙上也不会有灰浆流出,保持墙面干净。以后全机制红砖清水墙大体采用探尺"坐灰式"。有老师傅说,20世纪30年代外商对全机制红砖清水墙要求非常高,不仅灰浆要达到一定配比,还要对砖浇水以保持湿润,防止砖吸干灰浆水分。为了防止砖块对灰浆的压挤,规定每砌3~5皮砖后,不能再砌上去(这也与脚手架上侧立三砖相吻合,侧立三砖理论上可以砌6层10英寸墙),要换到其他墙上去砌,让砖、灰浆"晾晾干"(上海俗称浪浪干),过半天再来接着砌上去,以保证砌墙质量。所以20世纪30年代建造的清水墙质量非常高,在没有外粉刷只有少许水泥的条件下,基本上不渗水。

在砌墙过程中,随着墙体慢慢砌高,脚手架上不仅要站人,还要在其上放置砖块,因此,对脚手架的要求也高了起来。当时提出所谓"三

---

① 两者均为上海俗称。

砖二瓦式"竹脚手架的搭建要求,即竹脚手架上必须能承载放置三排侧立的砖或二叠侧摆平瓦的分量,竹脚手架必须牢固。联排式房屋除了四周围清水墙外,其内分隔墙多是混水墙,要求较低,只要用托尺(上海俗称,一种木制宽直尺,中间画一黑线,在托尺上置一重垂体叫线锤)保证墙的垂直度就可以了。

中期石库门里弄建筑采用了清水墙,为了追求美观和时尚,还在青砖清水墙上用红色机制砖拉出水平线条,改变全青砖"一砖黑"的墙面,使墙面有"红与黑"的对比色彩,这种样式在20世纪20年代后几乎是石库门里弄建筑的标配。清水墙一般采用"一顺一丁"(或称"一走一丁")式砌法,同时要求灰缝平整、高低一样,头缝上下对齐,以便以后用石灰膏嵌缝,这种砌墙法全面提升了上海泥工师傅的砌墙水平。也有采用"沙包式"砌法的,即在一层砖里两块走砖(顺砖)一块丁砖的砌法。由于"沙包式"砌法减少了丁砖数量,因此比"一顺一丁"砌法更快,并且两面墙面更平整。"沙包式"砌法源于英国,这可以从英国伦敦唐宁街10号首相府外的清水墙上找到痕迹。

(5)楼搁栅。在内外墙砌到设计高度(一般约为3.5米)时,要安放二楼的楼地板搁栅。在立帖式建筑中,这种搁栅可以是方木,也可以是圆形杉木;在砖木结构石库门里弄建筑中,已经采用洋松方木做搁栅,一般采用3英寸×6英寸或3英寸×8英寸的方木,每隔40厘米一根,需要先在砖墙上找平(上海俗称),然而用水平线(码线)校验水平度、高度,将木搁栅空当用砖镶嵌固定,再往上砌第二层楼的砖墙。

(6)屋面。20世纪20年代前,采用砖墙承重,在屋顶上将檩条直接放在承重墙上,在檩条上钉一寸厚的木板,称之为屋面板,在屋面板上钉挂瓦条,在挂瓦条上放置平瓦,在屋脊上放置红脊瓦,基本上和西式房屋屋面防水保温设施的铺设一样。这种屋面需要泥工、木工共同配合完成。

(7)木装修、内粉刷。木装修先做木地板,木地板采用进口洋松木企口板,这种企口地板可防止二楼水、灰尘落到一层。门窗也基本上用洋松木制作,洋松木的坚固度、光洁度更好。虽然当时舶来品洋五金件还没有普及,但一些简易五金件已经开始使用,如厅堂的长窗、底层厢房窗及二楼窗都不再采用摇梗式,而是采用铁脚式。

(8)外围墙、石库门。石库门的安装虽仍和以前一样,但石库门上开始做门楣装饰,在石库门石柱两边也开始做门套,即先用砖砌一个套,再做粉刷。由于当时上海流行水刷石(上海俗称汰石子)门套,门套上有线脚,这种汰石子线脚门套的安装对工人师傅的技术要求很高。当时对清水墙采用"勾缝"处理,在过渡期则采用平缝法,就是在清水墙的砖缝里填"水灰"(上海俗称,是一种石灰膏,经过多次过滤的水灰与微小纸筋拌混而成),做成平面勾缝。

(9)灶披间、晒台。最初石库门里弄房屋主屋后面都有披屋,即依附于主屋且比主屋矮的附屋,这种披屋大多作为厨房之用,上海俗称灶披间。由于当时都是烧木柴等,所以灶披间采用砖砌灶头的形式,并在屋顶上建一个烟囱。以后,有人对灶披间予以改进,在披屋上搭建木晒台,即以立帖式披屋的立柱出小瓦屋面,在瓦片上凌空搭出一个木结构的晒台,用以晾晒衣服。这种木制的晒台存在的时间不长,以后逐渐被砖结构代替。一般而言,在小瓦屋面上有木结构晒台的房屋,都是在 19 世纪末建造的,这是一个标志性构造物。如图3-4所示为灶披间、木晒台示意。

后来,有人试图改进木结构晒台,在19世纪末出现过一种被称为夹砂平顶的晒台,是在灶披间立帖或砖墙屋面部位先放置搁栅,上面铺上木板,木板上放置石灰和煤屑搅拌体,用"木蟹"拍、压平。由于披屋用木晒台这种建筑质量品质并不好,所以没有大面积推广。19世纪末,外商在上海大量推销水泥,夹砂平顶就变成了水泥平顶。到了中后期,在石库门里弄房屋里做饭做菜不再使用柴火,也不再需要灶头,而是采用国外引进的煤球炉(上海人称洋风炉),也不再需要烟囱了,

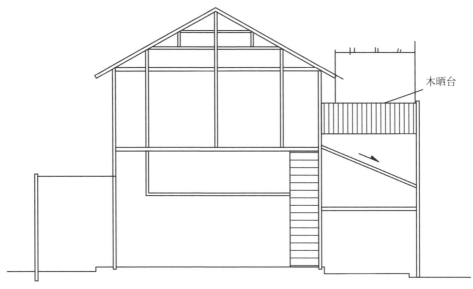

图3-4 灶披间、木晒台示意

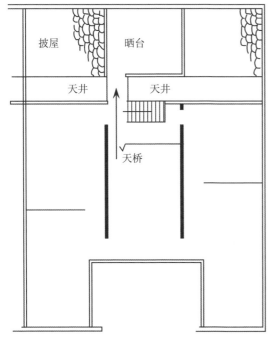

图3-5 厨房间、晒台示意

只需要每天在弄堂里点火生炉子,炉子生好后拎进厨房里,从此上海人不再称灶披间,而改称厨房间,有更新改造之意。因而如果现在见到房屋北面的墙上有烟囱,大都是早期立帖式石库门房屋。而没有烟囱的,一般都是中后期石库门里弄房屋。这也是一种辨别石库门房屋建造年代的好方法。如图3-5所示为厨房间、晒台示意。

(10)后天井。早期石库门里弄房屋的后天井是横向布局的,兴仁里等都采用这种布局。

早期石库门里弄房屋在南北围墙上大多不开窗户,房间采光、通风都依靠内天井,包括前天井、后天井,这种布局是比较科学的。中后期的石库门里弄房屋,尤其是一开间小型化的石库门里弄房屋,如东斯文里等,其后天井则采用纵向布局,既当走道又做采光之用。《上海地产大全》书中介绍的典型两开间石库门里弄房屋,其后天井也采用纵向布局,这也是一种区别早期与中晚期石库门里弄房屋的标识。如图3-6所示为后天井示意。

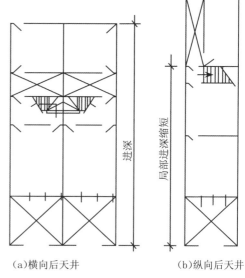

(a)横向后天井　　　　(b)纵向后天井

图3-6　后天井示意

　　(11)楼梯。随着两层石库门里弄房屋的出现,就有了上下楼的交通构造。早期石库门房屋楼梯是夹在后客堂与后天井之间的,采用单跑楼梯。那时客堂层高在3.5～3.8米,采用单跑楼梯上楼,如每步踏步(俗称起步)高20厘米,约要19步,如果开步在15～20厘米,则楼梯水平投影长度要3米以上,布置颇为不易。因而当时楼梯的角度都大于45°甚至60°,这种楼梯上下很不方便。后来,有人在楼梯边的墙上安装一根扶手,这种楼梯被称为扶梯,以后木扶手下又安装了雕花柱子,增加了艺术性,那是后话。

　　当石库门里弄房屋发展到厨房间上有亭子间时,因厨房间高度只有2.7米,所以扶梯只到亭子间门口平台,再转折上二楼,这种做法减少了楼梯的高度,缓和了扶梯的陡度,形成了"L"形楼梯。

三、晚期石库门里弄营造技艺及流程

晚期石库门里弄房屋建造质量明显提高,居住舒适度也有了较大提升,大多是两开间(即一客堂一厢房式)或三开间(即一客堂两厢房式)格局。当时,随着多年实践,建造者已摸索出一整套行业建设和设备配套规范。

(1)基础。采用大放脚式砖基础。

(2)结构。采用砖木混合(局部混凝土)结构,正式房屋仍是砖承重、木搁栅水平承重。但是一楼厨房的顶部采用钢筋混凝土,二楼亭子间的屋顶(也是北晒台的底)也采用钢筋混凝土。在一些房子的二层厢房南面墙上,出挑水泥牛腿水泥板,墙上开门形成阳台(上海习称朝南的平台为阳台,北面亭子间上面的平台为晒台)。这些钢筋混凝土浇捣十分仔细,几乎看不出流注样,保持了清水墙面的整洁平整。

(3)屋面及屋架。屋面从以前的"人"字二坡式转向多坡式,如图3-7所示,箭头表示落水方向,这里明显有一个斜沟,这种斜沟是用白

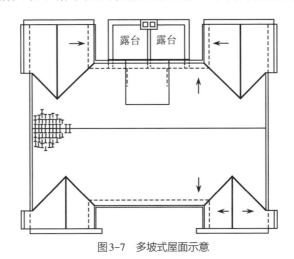

图3-7　多坡式屋面示意

铁皮(俗称洋铁皮,即进口的马口铁)在屋面板上做成的,两边的平瓦采用斩斜瓦(俗称斩瓦片、斩斜沟瓦)并在瓦檐口安装用白铁皮做的集雨水的水平凹形管(上海俗称檐口水落),再接上白铁皮做的圆形(或方形)下水管,将檐口水引到地面。这种屋面比单纯的"人"字形屋面复杂得多,更有立体感。这种屋面上的斜沟、斩瓦片、檐口水落等部件的制作,也促使营造厂出现了所谓的"白铁工"工种。

在二楼前楼和二楼厢房的屋面分隔处,有时不采用承重墙而采用豪式三角形木屋架。豪式屋架下面的方木称天平木梁(俗称天平大料),"人"字形方木称人字斜木或人字木,中间柱称中柱,两边柱称边柱,斜木称斜撑,这种屋架也是一种较科学的屋面承重结构。

(4)水电设施。20世纪20年代,上海租界普及了水、电。当时在石库门里弄房屋内安装了水、电设施,厨房间安装了自来水和下水道,在天井里布置下水道,在里弄内也布置了下水管,形成了从屋面到地面、从弄内地下排水管到马路下水系统这一非常完善的城市排水系统。

供电也成系统,在街坊内设置变电房,当时是先将高压电变为220伏交流电(或法租界的110伏直流电)再向每幢房屋供电的。在每幢房屋的亭子间接入电线,安装电表,并向每间房屋排明线供电。这些设施的增加,使营造厂又多了一个新的工种——水电工。

(5)室内装修。晚期石库门里弄房屋室内采用了平顶(吊顶),平整美观,增加了居住的舒适度。一般底层客堂及厢房的平顶是在原来的楼搁栅下面钉上长12米左右、宽5厘米左右、厚1厘米不到的板条,每根板条之间间隔大约1厘米,做成水平平顶,用泥墁(用泥土、石灰、稻草混合而成)粉平,等干燥后再用纸筋石灰罩面,然后用石灰水做涂料,成为白色平顶。二层的吊顶则比较复杂,先找准吊顶在屋内的水平面,然后在此两面的墙上搁置2英寸×4英寸的方木,再从屋架的檩条上引下若干根垂直方木(上海俗称吊杆)吊住平顶梁。平顶的做法与一层平顶的做法相同。前述的紫阳里、福康里就是有泥墁平顶的石库门里弄房屋。考究的石库门里弄房屋在做泥墁平顶时,还会在平顶四周做出凹凸的线条(上海俗称线脚),这种线脚后来在新式里弄、花园式住宅中成为典型标配。

室内装修也采用了"洋五金配件",如室内门大多采用西式的三帽头门,安装了金属(主要是铜)铰链。在一些窗上也开始使用铜窗铰链,在门上安装了铜的门把手等,这些五金配件大多是从国外引进的,也有部分是上海仿制生产的。

在底层客堂,从最早的砖铺地面发展到水泥地,后来又发展到花瓷砖铺地。在客堂及各房间内还装了画镜线,底部则装有踢脚板,使室内更加富丽堂皇。

(6)石库门及外墙。石库门仍是原样,木门大多采用3英寸×6英寸或3英寸×8英寸的方洋松木拼接而成,内有5根木穿固定,这种门结实厚重。

为美观起见,石库门石框边上用水刷石、錾假石工艺做成装饰性门套,这两种装饰要求比较高,很有上海特色。在石库门两边加上一个水刷石门套,后来又加上水刷石纹饰,更增加了石库门的立体感和艺术感。据传,水刷石纹饰是20世纪20年代南汇县钟惠记营造厂首创的,有些水刷石门套在六七十年后仍然完好如初。

在石库门上面大量采用艺术装饰门楣,有矩形、三角形、山花式等。其中,山花式类似浮雕形式,加强了装饰艺术感。清水外墙也开始发生变化,先是在青砖墙中增加几条机制红砖做装饰,20世纪30年代,开始全部用机制红砖砌外围清水墙,成本大大提高。

当时,在清水墙勾缝中采用上海俗称的元宝勾缝(一种圆形凸出的缝),即先用水灰浆反复搅拌后再用专用工具做出来的缝。这种元宝勾缝很有艺术水平,对技术要求比较高,装饰后的墙面更有层次感。

有些里弄(如福康里等)在主弄口和各支弄口用机制红砖砌成清水式半圆拱券,这种工艺要求非常高,因为半圆拱券要求两边房屋不能变形沉降,否则拱就会开裂。里弄内多种拱券,在太阳不断变化角度时可以产生不同的色彩和光影,很有艺术感。

20世纪30年代,一些石库门里弄房屋还安装了抽水马桶,布置了汽车库(间),那就可称为豪华式石库门里弄房屋了。

第三节
材料、工具与行话

| 一、石库门里弄建筑材料 |

中国传统建筑材料(如青砖、黑陶瓦、杉木等)是早期石库门里弄房屋营建的主要材料。由于石库门里弄住宅的建造是基于"租地造房"("租地造房"的年限大多为20~30年)的,因此石库门里弄建筑在建材的使用上,与中国传统建筑营造理念完全不同,其更加注意考虑建材的使用年限。此外,石库门建筑的演变与进步得益于国外建材(或仿制国外建材)的广泛应用。

1.国外进口木材广泛使用

石库门里弄房屋大都采用进口木材,用得最多的是洋松(上海俗称花旗松),其中普通粗质松木价格低廉,很受欢迎。其他如菲律宾的桃花心木适于装饰,另外还有新加坡产的黄硬木、缅甸产的柚木等。这些木材比国内木材质量好,价格也公道,深受上海营造商、房地产商欢迎。当时的英商祥泰木行大规模加工锯木供应建材,为上海大量兴建石库门里弄房屋创造了条件。

当时,不仅洋商行大量进口木材,华人也从事木材进口业务:如海上闻人叶澄衷在19世纪末开设顺泰木行,专营批发进口洋松;马相中(上海高桥人)1921年在上海南市集资创设震昌锯木,并改组上海鸿丰昌锯木厂,成为上海南市木业排头;又如嘉定人朱吟江,曾先后任福隆记树木行经理、震簧木材部买办,并创立上海华商第一家锯木厂,在1914—1924年享有盛名,有华人"木业大王"之称。

在改良性石库门房屋上,桁条、屋面板、屋架、搁栅、地板、门窗用料均采用洋松,洋松成为建房普遍采用的木材。因为洋松规格全部都是英寸制,所以华工木匠基本采用英式尺寸来建房。

早期石库门里弄房屋都采用木结构,这就要求大量的木材供应,因此产生了一批木材供应商,其中以英商祥泰木行最具代表性。英商祥泰木行股份有限公司是中国早期专业经营木材进口和加工的一家外商企业,木行的主要创办者为德国人斯奈司来治(H. Snethelage),原在上海设有祥福洋行,主要经营五金件进口业务,另在其他5个城市设有分行。由于当时我国兴办的一些近代军事工业和民用工矿交通业对木材需求较大,斯奈司来治于1884年创办了山打木行公司。山打木行公司初创时规模甚小,不为外界所注意,可因为当时上海的洋行很少有经营木材进口的,没有同业竞争,所以公司业务发展十分顺利。1902年,斯奈司来治谋求扩大经营,改合伙组织为股份有限公司,更名为祥泰木行,当时注册登记资本为银50万两,实收资本35万两。当年购下杨树浦1426号,土地面积60余亩,后扩大到80亩。以后,又在杨树浦的大花园处购地90余亩,总计占地173亩,建造办公房和正规木材堆栈。祥泰木行主要从美国进口洋松,其次从日本输入橡木(即

oak,俗称哑克木)、东洋松、麻栗木等。木行将这些木材锯割成方木板材,或加工成箱板、门窗、地板、壁板等销售。祥泰木行除上海外,还在马尾、青岛、天津、汉口、福州5处建立了分厂,其在上海的总厂规模最为宏大,具有日锯原木7万英尺的生产能力,另建有大型烘木窑一座,成为我国当时最大的木材加工厂。祥泰木行之所以能够迅速发展,从客观因素来说,是因为19世纪末现代工业在我国各地兴起,需用木材骤然增多,我国虽有众多森林资源,但大多在边远省份,交通闭塞,运输困难,运价高昂,不如海外输入便利廉价。在质量方面,许多洋木较国产为优,加之祥泰木行推销,市场迅速打开。从主观因素来说,祥泰木行有一套严密、灵活的经营方法,使得祥泰木行不断发展。1917年,英商安利洋行总经理安诺德(H. E. Arnhold)加入祥泰木行任董事。安诺德是上海著名英商,历任公共租界工部局董事(1929年及1934—1935年,担任工部局总董),后成为公司最大股东,安诺德的加入使祥泰木行得以在实际上成为英商投资企业。据统计,英商祥泰木行1940年6月库存木材占到全上海的近一半,可见祥泰木行的实力。

2. 机制红砖、平瓦的应用

"秦砖汉瓦"一词,表明砖瓦是我国最早发明使用的。20世纪初,砖瓦的应用发生了质的变化,这些变化明显体现在石库门里弄房屋上面。

19世纪末20世纪初,砖在石库门里弄房屋上主要起围护作用,如石库门两边高大厚实的砖墙、联排里弄房屋的边墙(称为山墙)、房屋内部立帖木柱之间的填充墙等,大体上都是起围护作用的,而立帖式房屋承重主要靠木柱,一般不采用砖墙作为承重结构。当时,我国的砖均在土窑(这是俗称,相对于以后的机制洋窑而言)里烧制,小窑每窑烧砖1万~2万块,大窑每窑烧砖7万~8万块,焙烧时间约为一周。土窑烧制砖是间断式的,即一窑砖烧好,向窑内注水,形成青砖(黑色砖），窑内温度下降后开窑取砖，再码上砖坯重新加温烧制。因为采用这种间断式烧法，人们难以准确掌握烧窑温度，所以青砖质量一直不稳定，品质高低相差很大。同时，采用土法人工制砖，砖的尺寸、四面光洁度、砖的成形标准相差也很大。石库门里弄房屋刚出现时，外国设计师可能为了美观，也可能为了区别于中国江南民居"粉墙黛瓦"和全青砖外墙的居民住宅，于是学习英国式住宅彩色镶嵌做法，在青砖墙中镶嵌两三条机制红砖腰线（红砖腰线），这种红砖腰线与青砖相拼的砖墙，对红砖制作提出了新的要求。18—19世纪，随着资本主义国家（如英国）工业化发展，烧砖行业也进入机制砖窑的工业化生产阶段。机制红砖色泽鲜艳，质量上乘，尺寸标准（10英寸×5英寸×2英寸，即25.4厘米×12.7厘米×5.08厘米），光洁度很好，像上过釉一样，敲击声如金属声，在当时的中国是一种紧缺产品。当时中国还不能烧制高质量红砖，一些大洋商为建筑西洋式房屋，只能从国外进口。

随着租界对机制红砖瓦的需求增加，上海本地陆续开设了一批新型砖瓦厂。清光绪二十三年（1897年），浦东砖瓦厂、瑞和砖瓦厂都进口机窑设备，采用机械生产砖瓦。比利时和法国商人合资的义品砖瓦厂，以及以后成立的一些大中型砖瓦厂也大量生产砖瓦。以后，华大砖瓦厂、中华第一窑业工场（后改为信大砖瓦厂）、泰山砖瓦厂、振苏砖瓦厂等相继成立，成为上海砖瓦业的基础，为上海建筑业提供大量新式的砖瓦等建材。这些砖瓦厂生产的红砖质量上乘，尺寸标准，立面光洁，为清水墙及在青砖墙上装饰的红线条，以及以后用全机制红砖建造新式里弄住宅提供了保证。红平瓦（洋瓦）及红脊瓦（屋脊上的盖瓦）是当时上海乃至全国的新产品，它们虽然价格较小青瓦高，但美观实用，采用红砖砌墙、红瓦盖屋面等，受到各方好评，并广泛推广。如前述的斯文里就采用了华大砖瓦厂生产的红平瓦和红脊瓦，在100年后的今天，仍然变化不大，足见其质量之佳。

当时除了上海本地的砖瓦厂供应上海石库门里弄房屋的建造外，

另外还有江浙一带的砖瓦厂通过苏州河以及当时的沪宁铁路源源不断地向上海供应建造石库门的各类建筑材料,不仅有砖瓦,而且包括水泥、瓷砖等。以江苏为例,清光绪十二年(1886年),六合县瓜埠镇红山窑薛姓商人,将当地出产的红砂样品带往上海祥记翻砂铸造厂试用,产品质量优于德国进口红砂,从此,六合红砂开始销往上海。清光绪三十四年(1908年),陆墓御窑停止专为皇家烧制砖瓦,转入民用砖瓦生产。民国八年(1919年),宜兴全县有石灰行10余家,石灰窑100余座,大都集中在张渚、归径、蒲墅、栅村等地,石灰由窑户生产,由牙行(中间商)销售。民国九年(1920年),上海工商业家刘鸿生运来开滦煤,带了烧窑师傅到宜兴归径、蒲墅试验用煤焙烧石灰新工艺,一举成功。焙烧周期缩短,每吨煤可焙烧2.5~3吨(1吨等于1000千克)石灰。民国十年(1921年),中国水泥股份有限公司暨龙潭工厂在南京成立,吴麟书为董事长,姚锡舟为总经理,资本为银50万两,厂址在句容龙潭,京沪铁路自此经过,全部机器皆系德制。民国十二年(1923年),张一鹏、钱翼如等在昆山陈墓创办振苏砖瓦厂。民国十五年(1926年)夏,中国水泥公司为收买无锡太湖水泥厂全部机器,原有股本不敷应用,将公司固定资产向银团抵押获借资金银100万两,同时于老厂附近另建新厂,每日产量由500桶增至2500桶,以"泰山"为商标,行销于长江一带。

3. 水泥的应用

水泥,上海早期俗称洋灰,混凝土也称水门汀,是近现代工业化生产的建筑材料,水泥的发明和应用对现代建筑产生了难以估量的影响。水泥在上海的推广和应用当在1891年前后,1891年上海洋灰公司开业,当时统计有员工50人左右,显然这是一家专门进口并推销水泥的公司。据一些资料零星记载,1900年前后,欧洲资本主义国家向上海大量运进水泥,甚至有某国水泥在上海倾销的说法,然而在上海海关的统计资料中,并没有查到水泥进口的详细数量,倾销一说只能存疑。但是当时上海工部局在"中式房屋"的底层地面要求铺盖6英寸厚度的优质石灰或水泥混凝土,厨房、厕所、前后天井也均应铺盖优质水泥混凝土,里弄路面也规定采用水泥混凝土等。工部局在建设城市道路时,会铺设水泥混凝土所制的下水管道。此外,沿街人行道板也需采用混凝土预制品,显然水泥用量是巨大的。早期这些水泥大多从国外进口,直到1906年中国企业在北方自行生产的水泥进入上海才暂时结束这一局面。由于上海的水泥用量剧增,虽然在20世纪20—30年代上海也建成了一些水泥厂,但因上海本身缺乏生产水泥的原料,产量不大,所以大量水泥还是依靠进口或从北方运输入沪。

4.其他引进和仿制建筑材料的使用

当时,上海石库门里弄房屋的建造开始使用进口或引进、仿制的建筑材料。主要有:①油毛毡。油毛毡是一种很好的防水材料,用以铺在屋面板上,上面再盖瓦片。20世纪20年代,上海所用建筑防水材料多从国外进口,至民国二十五年(1936年)建华油毡厂建成投产才结束这一局面。②白铁皮(镀锌铁皮,上海俗称洋铁皮),主要作屋面上的斜沟、屋面檐口集水和下水管之用。③五金件,主要用作客堂落地长窗下面插销及厢房窗、楼上门窗插销,还有门窗合页(上海俗称铰链)等,有铜制也有铁皮制。④电线及开关插座,用以供电。⑤白铁管及龙头,用以安装自来水管。⑥木钉、木螺丝钉(上海俗称洋钉)。总之,一大批现代建筑材料应用于石库门里弄房屋,使人们居住更为舒适,也证明了上海人在引进、吸收、消化外国先进建筑技术、建筑材料上的能力和前瞻性。

| 二、工具与使用 |

图纸及其设计工具、木作工具、各种预制件的模具都是石库门里弄营造技艺中重要的相关器具。传统的工具包括曲尺、墨斗、竹笔、活动曲尺、水平、鲁班尺、丈杆、三脚马(锯刨木料时搁木材用)、大锯、板锯、过山龙锯、各种锯圆用的锯子、各式凿子、斧头、铁钳、平刨、各式线脚刨、舞钻(大、中、小)、木榔头、凳、台、砂石、磨刀石、泥刀、铁板、线锤、拖线板等。

1. 量具及其使用

(1)钢卷尺。用于下料和度量部件,携带方便,使用灵活。常用2米或3米的规格。

(2)钢直尺。一般用不锈钢制作,精度高且耐磨损。用于榫线、起线、槽线等方面的画线。常选用15～50厘米的。

(3)角尺。木工用的角尺多为90°直角尺,古时人们把角尺(或叫方尺)和圆规称作规矩。俗语云:"没有规矩,不成方圆。"规,即圆规,圆的规范、轨迹靠的是圆规;矩,即矩形,矩形的方正靠的是角尺。有圆规和角尺才可以完善圆形与方形的造型。

角尺可用于下料画线时的垂直画线,用于结构榫眼、榫肩的平行画线,用于衡量制作产品角度是否正确,还可用于检查加工面板是否平整,等等。角尺有木制、钢制、铝制等多种。角尺是木工画线的主要工具,其规格是以尺柄与尺翼的长短比例来确定的。

角尺的直角精度一定要保护好。不得乱扔或随意丢放角尺,更不能随意拿角尺敲打物件,否则会造成尺柄和尺翼接合处松动,使角尺的垂直度发生变化而不能使用。

(4)三角尺。用于画45°角。

(5)活动角尺。用于画任意度角。

(6)墨斗。墨斗的原理是将墨线绕在活动的轮子上,墨线经过墨斗轮子缠绕后,端头的线拴在一个定针上。使用时,拉住定针,在活动轮的转动下,抽出经过墨斗蘸墨的墨线,拉直后在木材上弹出需要加工的线。

墨斗多用于木材下料,普通木工用的墨斗可做得稍小些,用于建筑木结构制作的墨斗可做得大些。墨斗可以做圆木锯材的弹线,或调直木板边棱的弹线,还可以用于选材拼板的打号弹线等其他方面。此外,墨斗有时还可以用来做吊垂线或衡量放线是否垂直与平整等。

墨斗弹线的方法:左手拿墨斗,先用少量的清水把线轮润湿,再用墨汁把墨盒内的棉线染黑。使用时左手拇指压住墨盒中的棉线团,拇指掌要靠压住线轮或放开线轮来控制轮子的停止或转动。右手先把墨斗的定针固定在木料的一端,再以左手放松轮子拉出蘸墨的细线,拉紧,靠在木料的面上,右手在中间捏墨线向上垂直于木面提起,即时一放,便可弹出明显而笔直的墨线。

使用墨斗弹线时一定要注意,右手在中间捏墨线提起弹线时应保证垂直,不能忽左忽右,避免弹出的墨线不直,形成弯线或弧线,造成下料的板材出现弯度。

(7)划子与画线。划子是配合墨斗用于压墨拉线和画线的工具。划子一般取材于水牛角,锯削成刻刀样形状。把画线部分的薄刃在磨石上磨薄磨光即可使用。

好的水牛角划子蘸墨均匀,画线清晰。只要使用方法正确,立正划子画线,划子画的线就比铅笔画的线要小得多。另外还有用竹片制作的划子,这种划子画的线误差较大,效果不是太好。

下料画线既有传统的工艺规范,又是"三分画线七分做"的部分内容。木工中的选择材料、搭配材料和加工余量等方面可由下料画线得到正确体现。

画线是石库门里弄营造的前提或基础条件,下料画线是石库门里弄建筑结构和材料应用设计的第一前提。下料画线要有整体设计构思。

画线工艺是木工行内的规范,其作为一种技术语言,是通用的,其是一人画线,多人锯割、刨削、凿刻、锯卯、组装制作的交流语言,是传统工艺最早的一种制作生产流水线。

画线与选材下料相联系,与各种加工制作的工序相联系,和式样的艺术美相联系。所以,画线是制作特别重要的前提和保证,民间工艺中有人把画线称作"量体裁衣,省工省料"。具体来说,画线有以下几点要求:①画线应先了解木工的量具和画线工具,结合木结构的画线工艺夯实画线的基础,达到要求。②画线的准确度,主要靠量具的正确运用。一是画线的工具,如尺子的规范、角尺和斜尺的角度正确等;二是用笔的误差,即铅笔误差一般在 0.25~0.3 毫米,传统技法一般讲究用水牛角划子。现在有的用画线刀,画线刀在一些角度接合时画线还是较为准确的。画线的准确度还要靠画线的规范,正确的线形是工艺的前提,按线形加工的准确度,常常有工艺的规范要求,如刨料时多为留线,锯料粗加工时可锯线或留线;又如刨料、凿榫眼和锯料细加工时,要根据接合部位的大小尺度讲究吃线和留线等。③正确运用吃线和留线的方法,是指在加工时是去掉线合适还是留下线合适,也即"一线之差"。工匠在锯、刨、凿的加工中,可通过运用吃线和留线的一线之差来保证加工质量。

2. 手工锯及其锯割

手工锯等锯割工具,是石库门营造技艺中重要的工具之一。

1)常用手工锯的种类

(1)框锯。又名架锯,由"工"字形木框架、绞绳与绞片、锯条等组成。锯条两端用旋钮固定在框架上,并可用它调整锯条的角度。绞绳绞紧后,锯条被绷紧,即可使用。框锯按锯条长度及齿距不同可分为粗、中、细三种。其中,粗锯锯条长65～75厘米,齿距4～5毫米,主要用于锯割较厚的木料;中锯锯条长55～65厘米,齿距3～4毫米,主要用于锯割薄木料或开榫头;细锯锯条长45～55厘米,齿距2～3毫米,主要用于锯割较细的木材和开榫拉肩。

(2)刀锯。刀锯主要由锯刃和锯把两部分组成,可分为单面刀锯、双面刀锯、夹背刀锯等。单面刀锯锯长35厘米,一边有齿刃,根据齿刃功能不同,又可分纵割锯和横割锯两种。双面刀锯锯长30厘米,两边有齿刃,一边为纵割锯,另一边为横割锯。夹背刀锯锯长25～30厘米,锯背上用钢条夹直,锯齿较细,也有纵割锯和横割锯之分。

(3)槽锯。槽锯由手把和锯条组成,锯条约长20厘米。槽锯主要用于在木料上开槽。

(4)板锯。又称手锯。由手把和锯条组成,锯条长25～75厘米,齿距3～4毫米。板锯主要用于较宽木板的锯割。

(5)狭手锯。锯条窄而长,前端呈尖形,长30～40厘米。狭手锯主要用于锯割狭小的孔槽。

(6)曲线锯。又名绕锯,它的构造与框锯相同,但锯条较窄(1厘米左右),主要是用来锯割圆弧、曲线等部分。

(7)钢丝锯。又名弓锯,它是用竹片弯成弓形,两端绷装钢丝而成的,钢丝上剁出锯齿形的飞棱,利用飞棱的锐刃来锯割。钢丝长20～60厘米,锯弓长80～90厘米。钢丝锯主要用于锯割复杂的曲线或做开孔用。

2)框锯的使用

在使用框锯前,先用旋钮将锯条角度调整好,并用绞片将绞绳绞紧使锯条平直。框锯的使用方法有纵割法和横割法两种。

（1）纵割法。锯割时，将木料放在板凳上，右脚踏住木料，并与锯割线成直角，左腿伸直，与锯割线成60°，右前臂与右腿垂直，人身体与锯割线之间的角度以约45°为适宜，上身微俯略为活动，但不要左仰右扑。锯割时，右手持锯，左手大拇指靠着锯片以定位，右手持锯轻轻拉推几下（先拉后推），开出锯路，左手即离开锯边，当锯齿切入木料5毫米左右时，左手帮助右手提送框锯。提锯时要轻，并可稍微抬高提锯手臂，送锯时要重，手腕、肘肩与腰部同时用力，有节奏地进行，这样才能使锯条沿着锯割线前进。

（2）横割法。锯割时，将木料放在板凳上，人在木料的左后方，左手按住木料，右手持锯，左脚踏住木料，拉锯方法与纵割法相同。

使用框锯锯割时，锯条的下端应向前倾斜。纵锯锯条上端向后倾斜75°～90°（与木料面夹角），横锯锯条向后倾斜30°～45°。要时时注意使锯条沿着线前进，不可偏移。锯口要直，勿使锯条左右摇摆产生偏斜现象。木料快被锯断时，应用左手扶稳断料，放慢锯割速度，一直到把木料全部锯断，切勿留下一点任其折断或手工扳断，否则不仅容易损坏锯条，而且木料也会沿着木纹撕裂，影响质量。

3.传统木工刨及其使用

木工刨种类较多，主要用于木料的粗刨、细刨、净料、净光、起线、刨槽、刨圆等。

1）木工刨的组成

木工刨是石库门里弄营造技艺中一种常用工具，由刨刃和刨床两部分构成。刨刃是金属锻制而成的，刨床是木制的。

木工刨刨削的过程，就是刨刃在刨床的向前运动中不断切削木材的过程。其中，把木材表面刨光或加工方正叫刨料，木料画线、凿榫、锯榫后再进行刨削叫净料，结构组合后全面刨削平整叫净光。

刨刃在不断切削木料的过程中,木料产生较大的摩擦力会反作用于刨刃切削的刃口部,使刨刃口发热变钝。木质越硬,刨刃口变钝也越快。如待加工木料表面的杂物多,则也可使刨刃口变钝。所以选择刨刃,要挑选刚性好和热处理好的刃片。刨刃锻造时,刃身宜选用普通碳素钢,刃部锻制薄薄的一层工具钢并淬火黏合,经过机械磨平裁齐,再经热处理后刃部就会软硬适中,即可使用。如果热处理后淬火太硬,则刨刃刚性硬,而且不易磨砺,遇到硬物容易破损崩口;如果热处理后淬火太软,则刨刃软容易卷口,而且不能耐久使用,刃口很快会变钝。所以,刨刃的优劣最好在磨砺刨刃后观察。好的刨刃,刃口锻制成薄薄的贴钢,出现的是薄匀发亮的现象,刃身的底铁发暗灰色,刃身和刃口淬火的黏合显得很是紧实。需要注意的是,劣质刃口的底铁和刃口钢若是一样的发暗颜色,或是全部发亮,则这两种情况的刨刃都不易磨砺。

2)木工刨的种类

木工刨包括常用刨和专用刨。常用刨分为中粗刨、细长刨、细短刨等。专用刨是为制作特殊工艺要求所使用的刨子,专用刨包括轴刨、线刨等。其中,轴刨又包括铁柄刨、圆底轴刨、双重轴刨、内圆刨、外圆刨等,线刨又包括拆口刨、槽刨、凹线刨、圆线刨、单线刨等多种。中长刨用于一般加工、粗加工表面及工艺要求一般的工件,细长刨用于精细加工、拼缝及工艺要求高的面板净光,粗短刨常用于刨削木材粗糙的表面,细短刨常用于刨削工艺要求较高的木材表面。

3)木工刨的使用

安装刨刃时,先将刨刃与盖铁配合好,控制好二者间距离,然后将刨刃插入刨身中。刃口接近刨底,加上楔木,稍往下压,左手捏在刨底的左侧棱角中,大拇指捏住楔木、盖铁和刨刃,用锤校正刃口,使刃口露出刨屑槽。刃口露出多少是与刨削量成正比的,粗刨多一些,细刨少一些。检查刨刃的露出量,可用左手拿起刨来,底面向上,用单眼向后看去,就可以察觉。如果露出部分不适当,可以轻敲刨刃上端;如果露出太多,需要回进一些,则可轻敲刨身尾部;如果刃口一角突出,则只需轻敲刨刃同角的上端侧面即可。

4. 木锉刀及其使用

合理选用锉刀,对保证加工质量、提高工作效率和延长锉刀使用寿命有很大的影响。粗齿木锉刀的齿距大,齿深,不易堵塞,适于粗加工(即加工余量大、精度等级和表面质量要求低)及较松软木料的锉削,以提高效率;细齿木锉刀适于对材质较硬的材料进行加工,在细加工时也常选用,以保证加工件的准确度。

锉刀锉削方向应与木纹垂直或成一定角度。由于锉刀的齿是向前排列的,即向前推锉时处于锉削(工作)状态,回锉时处于不锉削(非工作)状态,所以推锉时需用力向下压,以完成锉削,但要避免上下摇晃,回锉时应避免用力,以免齿被磨钝。

5. 手工凿及其使用

手工凿是石库门里弄营造技艺中加工木结构接合部位的主要工具,常用于凿眼、挖空、剔槽、铲削等制作方面。

(1)凿的种类。凿一般有以下几种:①平凿,又称板凿,凿刃平整,用来凿方孔,规格有多种。②圆凿,有内圆凿和外圆凿两种,凿刃呈圆弧形,用来凿圆孔或圆弧形状,规格有多种。③斜刃凿,凿刃是倾斜的,用来倒棱或剔槽等。

(2)凿的使用。打眼(又称凿孔、凿眼)前应先画好眼的墨线,木料放在垫木或工作凳上,打眼的面向上,操作者可坐在木料上面;如果木料短小,可以用脚踏牢。打眼时,左手紧握凿柄,将凿刃放在靠近身边的横线附近(离横线3～5毫米处),凿刃斜面向外。凿要拿垂直,用斧或锤着力敲击凿顶,使凿刃垂直进入木料内,待木料纤维被切断,再拔出凿子,把凿子移前一些斜向打一下,将木屑从孔中剔出。以后就如此反复打凿并剔出木屑,当凿到另一条线附近时,要把凿子反转过来,凿子垂直打下,剔出木屑。当凿孔深到木料厚度一半时,再修凿前后壁,但两根横线应留在木料上不要凿去。打全眼(凿透孔)时,应先凿背面,到一半深,将木料翻身,从正面打凿,这样眼的四周不会产生撕裂现象。

6. 锤子及其使用

木工通常使用羊角锤作为敲击工具,羊角锤又可用来拔钉。通常用钉冲将钉子冲入木料中。

7. 砂纸及其使用

砂纸可分干砂纸、水砂纸和砂布等。其中,干砂纸用于磨光木件,水砂纸蘸水后用于打磨物件,砂布多用于打磨金属件,也可用于木结构。每一道工序所使用的砂纸目数是有工艺要求的。

为了得到光洁平整的加工面,可将砂纸包在平整的木块(或其他平面)上,并顺着纹路进行砂磨。操作时,用力要均匀,要先重后轻,并选择合适的砂纸进行打磨,通常先用粗砂纸,后用细砂纸。遇砂纸受潮变软时,可在火上烤一下再用。

8. 泥刀及其使用

泥刀也叫瓦刀、砖刀,主要用于在砌墙时斩断砖头、修削砖瓦、填敷泥灰等。

三、石库门里弄营造技艺行话

阳角、阴角:露外的墙身的角与角相接处,称阳角,在房屋内的叫阴角。

木蟹:泥水匠在粉刷水泥时用的长方形的木块(四五寸宽、七八寸长),是抹平水泥面使之光滑的工具。

靴脚:水落管子的下端和明沟相近的地方,突出像嘴似的东西,水从那里流出,叫靴脚。

铁马:木匠在铺企口地板时,先用"H"形的铁马将尖锐的两端敲在搁栅上,然后铺上楼板,合拢企口,最后用三角形的木楔逐渐排紧。

墨斗:木匠用以弹墨线的器具。

缩节:自来水管子的接头。

凸角线或回角线:踢脚线与地板相接处的三角线条。

台度:墙面底部至5~8尺(1.5米至2.4米)高度用黄沙水泥粉刷成的1厘米厚度的底板,起到装饰和保护墙身的作用。也有用木料做的,称木台度。

碰头:为防止开门时扶手碰击墙壁造成损伤,在脚线或地板上钉一个碰头。碰头多用木料做成,形状方圆不定。

横楞、冲天、抛撑:脚手架横的一根叫横楞,竖的一根叫冲天,搁脚手板的一根也叫横楞,防备动摇的两根交叉的叫抛撑。

刮草:泥水匠在墙身上抹的第一层粉刷底坯,称刮草。

收进:建房高度或阔度超出工务局的规定法度的,需要收进(如马路收进几尺,房屋收进几尺等)。还有墙身下的大方脚,起初比墙身阔大,以后逐步收缩,也叫收进。

丈杆:木匠或泥水匠用于丈量房间尺寸的工具,一般用一寸或两寸宽的洋松木料做成。

凡水：屋面与山墙交接处或水落斜沟处，用铅皮包卷于墙身内或木条上的叫凡水。凡水有踏皮凡水和落底凡水之别。

水头：安装于屋面天沟处，用以承接雨水至落水管道的水箱。

落水管：在檐口旁用以接引水到沟渠里去的铅皮管子或铁管子。

明沟：又称阳沟，在地面上露出的可以导水入沟渠的水槽。

瓦筒：又称阴沟，是地底下排污水的管子。

打样：建筑工人对设计人员的称呼。

跑马路：建筑工人对工部局建筑处或工务局特派调查员的俗称。这些人在建筑工地行使政府管理的职能。

壳子：浇灌水泥三合土的模板。

扎铁：按建筑物要求的尺寸用铅丝绑扎钢筋。

立铁：竖立洋松柱子或水泥柱子壳子板，称立铁。

天盘：窗的下冒头可以放置物件的地方叫窗盘，其上冒头突出的地方叫天盘。

度头：门或窗的两旁"边挺"的地方叫度头，房屋比较讲究的，门窗都会镶以度头板。

薪架：用旧木料搭成的小方形架子，用以放置重要的料作。

惠林：在开挖土方时，为防止板桩受外界压力造成损毁，预先在板桩周围加上的一道或数道12寸方、10寸方的洋松木，称惠林。

绿豆沙：一种较小的石片，和苍蝇石略同，用于浇捣窗盘、烟囱帽子或铺在屋面柏油面层上面。

晒步：扶梯弯曲处使用的三角形踏步板。

出风洞：房屋地龙墙外面四周所留的小方形或长方形的小铁栏，用以通风，防止地板霉烂。

督头：石库门的两边大头和外墙合角处，大致在勒脚的位置，嵌一种石料，这种石料称督头。

山头：前后墙之间，上端跟屋面成二面坡的叫山头，其墙身叫山墙。

扎榫：砌墙时，在画镜线、大门板和踢脚线等处应按规定尺寸置放木砖，以备装修之用。凡漏放木砖的地方，木工就用斧头削好尖形小木块，把它嵌在本来预备装修的墙身上，这叫扎榫。

企口：条木地板两边雌雄形的地方，叫企口，这类木地板也称企口板。

风漏：门或窗的下冒头和地面或窗盘之间的空当，称风漏。

披水：在门和窗外端的下冒头处安装一块斜势木板，以防雨水倒流进屋内，这块木板叫披水板。

牛腿：伸出墙壁、形似牛腿的钢筋混凝土承重构件。

地龙：地板下面砌成一条条墙身，用以承载木地板承载力。地龙之间的空隙一般在1米左右。

局头料：零星的木料。

钢凿：一种钢质的局头铁，用以凿水泥三合土。

旋凿：专门旋螺丝的用具。

灰沙池：淘灰沙用的地方。

灰沙：用水泥、石灰、黄沙拌和的粉刷材料。

纸筋：用草纸和石灰拌和的粉刷材料。

抛落：又称火门，是预埋电线铁管子连接到平顶灯头处留出的一个空隙，用以安装灯头。

促锯：木工用锯的一种，一头有执手，一头是整的，用以锯普通锯齿锯不到的地方。

板棚：建筑场地里用来搬动木头的工具，它像牙齿似的可以将木料咬住。

铰链：门或窗上两爿套在同一轴上能够旋转的金属物。

插销：门或窗的上下冒头处用以固定的金属物，防止刮大风时门窗骤开骤闭。

扛箩:用以存放建筑垃圾的箩筐。

扛绳:穿扛箩的绳子。

扛棒:用以扛扛箩的棒子。

撬棒:用以拆壳子板、起洋钉、撬重物等的工具。

老虎窗:在老式里弄住宅的顶层屋面,开一个天窗,窗上筑起一面泄水的屋坡,形似老虎的大嘴巴,这就是老虎窗。

栅板:一种用企口板或其他木板做成的隔断房间的屏障。

侧石:马路人行道的旁边镶以石料的,谓之侧石。

门子板:用以封水门和柱子壳子板中的局头木板。

搭头:立门窗樘子时,要用2寸×4寸洋松长料将樘子两端钉牢,叫搭头。

毛板:一寸厚六寸宽洋松板的简称,一般用作浇水门汀楼板的底板,有时也用作屋面板。

斗:用以计量混凝土中黄沙、水泥、石子级配比例的工具。

满堂:底层的地面做煤屑或混凝土的叫满堂。

对拔榫:一块一寸六七分厚、四五寸长的木块,在对角线上用直线对锯,成为三角形木块,塞在撑头底下使之挤紧,这种三角形木块叫对拔榫。

拷子:人工凿出来的石头。

犯界:建筑物超越工部局、工务局规定的地界范围,叫犯界。

势道:在施工中出现犯界的情形,需要看工、打样、作头和专家四方商量研究,称为势道。

清水、混水:不粉刷的砌筑,谓清水;粉刷的砌筑,称混水。

仙鹤:一种起重机,有三只脚和一个长头颈,形似仙鹤。

华丝:螺丝如遇旋转的地方太长,就用一块方形或圆形的铁片来衬垫,这种衬垫叫华丝,又称豆腐干。

摇班:筑场里工人集体罢工,叫摇班。

拌板:人工搅拌混凝土的一块底板。

淘灰沙：对混凝土工的称呼。

量方：通过丈量长、宽、高来计算泥工的工作量。

交边：分隔墙高出屋顶尺许的部分，叫交边，有交边的墙也叫风火墙。

芦菲：又称芦席，是用苇篾编成的席子，用以搭建简易工棚。

油搭：一种用桑皮纸浸在桐油里待晒干后取用的油纸，用来夹在芦菲的内层或做两张芦菲的夹层，以便盖屋面防雨水浸淋。

杆子：用竹爿削成两头尖的形状，用以夹芦菲用。

竹篾：把竹青削成七八尺长的细条，用以绑扎脚手，可代替铅丝。

料房：装修木工工作的场所。

腰场：辞退的意思。

孵豆芽：暂时没有工作，在茶馆店等待招工，称孵豆芽。

满天星：地板下出风洞所用的一块多孔的铁板。

老公事：指建筑场地施工经验丰富的人。

乾事：同灰沙池，用以拌黄沙水泥的池子。

角砖：砌在阳角位置的一块砖头。

马路背：马路中央。

钉送：钉地板时，铁钉须不露出板面，可用一种和钉帽差不多粗、一头尖的铁针敲挤进去，这种铁针称钉送。

红丹：一种红色底涂油漆，可防止铁器锈蚀。

中到中：从这一边中间到那一边中间的距离。

外包、里平：丈量房屋时，外墙与外墙间的尺寸叫外包，内墙与内墙间的尺寸叫里平。

冲、眠：冲就是墙身朝外面倾斜，眠就是墙身朝里面倾斜。

承重：搁在墙身上，可以在上面放搁栅的大料。

眉毛铁：双扇铁门的下冒头装有两个小铁轮，可以在两条弯曲的铁轨上移动，这种铁轨称眉毛铁。

第四章
石库门里弄装饰艺术

　　中西合璧是石库门里弄建筑装饰工艺上最大的特色,也是石库门建筑区别于同时期其他类型民居建筑最显著的特征。石库门建筑中西合璧的装饰工艺是当时上海社会背景和审美情趣的真实写照。同时,也正因为石库门建筑中西合璧的装饰工艺,才使其更具海派风情和魅力。石库门里弄装饰艺术既体现在外立面装饰的整体风貌上,也表现在内部装修的细节上。

第一节
中式传统装饰艺术

　　石库门是上海开埠以后才出现的一种建筑形式,它来源于中国江南传统民居,又融入了相当多的西方观念和手法。上海石库门民居在细节纹样的装饰上讲究的是适度和实用,不会像其他一些建筑那样采用复杂的雕琢和修饰。同时,中国对于房屋上装饰性图案有种种解释,有的是吉祥、兴旺的寓意,有的带有传统风水的含义,但到了石库门的建设,因其是西方城市规划的布局,故风水之说在其中就没有了用武之地。石库门装饰艺术的出现,中和了中国人的固有意识,引入了不同的审美观,是艺术观的中西合璧。

| 一、山墙的装饰 |

高耸的山墙(图4-1)在中国民居尤其是江南民居中非常多见,其作用主要是防火隔音,同时防止外部视线的进入,而后者在源头上可能更多源自封建礼法制度——用山墙来象征一户家庭的殷实。石库门民居在这一点上也得到了很好的"遗传",当然,与大多数独门独户的江南民居不同,石库门民居的山墙成为同一片石库门房子的象征。因为山墙处于一列列石库门房子的顶端,所以无论是在弄道里还是从远处望去,都是很显眼的,又由于视觉上是在显眼的突出部位,所以石库门民居的山墙自然成为装饰纹样重点修饰的地方。石库门民居山墙虽然源自中国江南传统民居,但是因其又加入了西方的装饰要素,因而千姿百态、风格迥异:有的如阶梯,从最高的中间位置逐渐向两边跌落;有的带有经典的巴洛克艺术风格,装饰线条柔美;有的高耸在屋面之上,把烟道整合在里面,修长而有气势;有的带有现代主义艺术风格,装饰线条简洁而笔直。山墙上往往还点缀有漂亮的花卉装饰图案,成为让人眼前一亮的视觉焦点,因此改变了石库门民居因为联排结构而有些千篇一律的感觉,在空间节奏感上起到了很好的调剂作用。

(a)山墙(人字)

(b)山墙(西洋)

图4-1 山墙

｜ 二、券　门 ｜

　　石库门弄堂中常沿用中国江南街巷中的防火间隔墙,将这样的防火墙做成门券、门框式样,再加上一些线脚装饰,就成了我们现在看到的石库门券门。一道道的拱券使弄堂空间纵深感加强了,视线上也有间隔,也成为各条弄堂的识别标志。同时,弄堂口的大门门券、两侧山墙,使弄堂更具有艺术性和装饰性。如图4-2所示为券门。

图4-2　券门

┃ 三、窗扇的装饰 ┃

石库门里弄住宅中的窗户按照开启方式可分为摇窗、推窗、翻窗、旋窗、上落窗等（图4-3）。在后期的石库门里弄式住宅设计中，设计者较为注重房屋直接采光或尽量利用间接采光，如门上部配玻璃，采用气窗，板壁上部留空当，楼梯上装玻璃天棚，或屋顶用屋面窗、天窗等。

石库门民居的窗户形式各异，它们不仅开启的方式不同，而且使用的材料和所处的部位也各不相同，如有落地的长窗及木制的百叶窗、钢窗等。和石库门民居的门头一样，窗户也是石库门民居装饰纹样大量运用的一个重点部位。

在各式窗扇中，尤以落地长窗和百叶窗为石库门最具代表性的窗扇。

落地长窗一般装在客堂前面，六扇或八扇并列，上下做木槛，用木摇梗启闭，可以拆卸，上半截做格子窗，下半截条环板落地到槛。个别老式石库门里弄住宅也有在楼上设置落地长窗的，为使用安全起见，

图4-3 石库门窗扇

在窗外装栏杆于平座之上,平座用挑梁承托。老式石库门民居受中国传统文化影响较深,它的窗通常采用福扇和支折窗构造,也就是安装在石库门客厅或者厢房外面的多扇并列的落地长窗,有的做得考究的窗扇还带有中国传统吉祥寓意的精美木雕花饰。

而一提到新式石库门民居,人们往往会联想到一个名词"百叶窗"。木质的百叶窗是来自西方的一种建筑装饰,流行于欧洲,传到中国的时候正好赶上石库门民居兴盛之时,于是源自西方的百叶窗就顺理成章地融入了石库门民居装饰的潮流中。

虎口窗是在老式石库门里弄式住宅的厢房前面,靠天井处开的一扇或双扇的小窗。虎口窗利于厢房的采光,并有助于通风,效果较好。

在石库门里弄住宅中,因前天井面积较小而围墙较高,为了采光和通风,常在围墙上部开有各种材料制成的漏窗,如琉璃漏花砖、蝴蝶瓦漏花、水泥漏花板凳等。这种做法,既不妨碍通风,又能阻挡前排房屋亭子间来的视线,同时便于在天井内搁置晒衣竹竿,既简单适用,又可起到立面装饰的效果。

| 四、其他局部装饰 |

石库门民居在栏杆、门窗、扶梯柱头、牛腿、砖砌拱券等局部装饰上也多有模仿西方艺术风格的细部处理手法,特别是有巴洛克风格的拱券砖雕、洛可可风格的卷草铁艺样式层出不穷,各具风情,为独特的上海民居渲染出了海派韵味。

(1)挂落、飞罩。在比较讲究的老式石库门住宅中,常在阳台柱间或主屋前廊的廊挂间装饰挂落,早期采用葵式、万川式等多种式样。室内采用飞罩分隔,它既不影响室内空气流通,又有分隔的作用,装饰效果也较好。飞罩也多用于老式石库门里弄式住宅的厢房或次间内部,用以分隔前后房间。飞罩现存实物很少。

(2)栏杆、裙板。栏杆在1909年以前均用木制,一般装置在沿天井的半截窗下,栏杆之内往往衬以木制裙板,裙板可以脱卸,以利夏季通风,比较适用。后期很多采用铸铁花纹栏板或熟铁花栏杆。如图4-4所示为栏杆。

(a)瓶式栏杆　　　　　　　　　　　　(b)铁艺阳台栏杆

图4-4　栏杆

(3)石作、斗拱。老式石库门里弄住宅的石作是早期石库门里弄住宅的突出特征之一。当时用的石料大部分是从江浙一带运来的青石(石灰岩),质细宜于施雕,所以早期石库门里弄住宅的窗下半墙多是用青石做成的,其上施以浅雕装饰。此外,更有半圆雕装饰的部位,多用金山石或黄石,这些石料粗糙质坚,常用在弄堂的过道、天井、阶沿、墙角及石库门门框、门兜、过梁等处。另外,在一些年代久远的石库门里弄式住宅中,也有在廊柱上置斗拱的,即在廊柱柱头上置十字科斗拱,柱顶有显著的卷杀。

(4)瓷砖。石库门建造时期,适逢西方新的建筑装饰材料兴起之时,当时时髦的花瓷砖、马赛克、彩色玻璃也在新式石库门中频繁出现,在石库门堂屋或天井的地面铺上彩色的花地砖会满室生辉。

(5)木雕、砖雕、石雕。上海石库门里弄深受中国江南传统民居的影响。早期的石库门里弄建筑大量采用中国传统的木雕、砖雕、石雕装饰艺术,这些雕刻工艺大多采用线刻、采地刻、透刻与圆刻等技巧,题材大多选取中国传统的龙凤呈祥、和合二仙、刘海戏金蟾、三阳开泰、郭子仪做寿、麒麟送子等故事,松柏、兰花、竹、山茶、菊花、荷花、鲤鱼等图案,以及福禄寿禧文字等,或其他人们喜闻乐见的内容。与中国传统民居建筑装饰类似,木雕常用于石库门里弄建筑中的梁枋、隔扇门窗、门罩、楼层栏杆等处,砖雕、石雕多用于装饰门楼、门罩、漏窗等处。

第二节
海派装饰艺术

租界的建立,不仅将西方城市建设的理念导入上海,同时也将西方各种流派的建筑风格一起传入上海。以后,经过半个多世纪的发展,西方建筑风格与中国传统装饰艺术相融合,形成了独有的海派建筑装饰艺术。海派装饰艺术在其形成的过程中,其中的某些艺术元素也同步融入上海石库门里弄建筑艺术风格中,使得万花筒似的上海石库门里弄建筑成为上海"万国建筑"的重要组成部分。

| 一、装饰艺术主义风格 |

装饰艺术主义风格源于1925年巴黎世界博览会,其是20世纪20年代流行于欧洲的建筑艺术风格。装饰艺术主义风格传入上海后,不

图4-5　龙门邨

仅在各种高层建筑中流行，而且广泛应用于石库门里弄建筑中，尤其是石库门门头的设计上。

装饰艺术主义风格结合了因工业文化而兴起的机械美学，以较机械式的、几何的、纯粹装饰的线条来表现，如扇形辐射状的太阳光、齿轮或流线型线条、对称简洁的几何构图等等。这种既传统又创新的建筑风格，结合了钢筋混凝土营建技术的发展，在20世纪二三十年代的石库门里弄建筑中得到广泛的运用，上海石库门里弄也成为这种艺术风格重要的实践场地之一。如图4-5所示为带有装饰艺术主义风格的石库门建筑——龙门邨。

｜ 二、现代主义风格 ｜

1919年，现代主义风格诞生。现代主义风格是比较流行的一种风格，追求时尚与潮流，非常注重居室空间的布局与使用功能的完美结合。现代主义也称功能主义，是工业社会的产物，其最早的代表是建于德国魏玛的包豪斯学校。

现代主义风格造型简洁，无过多的装饰，推崇科学合理构造工艺，重视发挥材料性能。现代主义风格在20世纪二三十年代的上海石库门里弄设计、建造中有重要的影响，同时期的石库门里弄也开始注意采用新式材料，对建筑内部空间布局更加注重合理化，建筑整体设计更加简洁流畅。如图4-6所示为现代主义风格建筑。

图4-6　现代主义风格建筑

｜ 三、古典主义风格 ｜

广义的古典主义建筑是指在古希腊建筑和古罗马建筑的基础上发展起来的意大利文艺复兴时期建筑、巴洛克建筑和古典复兴建筑，其共同特点是采用古典柱式。狭义的古典主义建筑指运用"纯正"的古希腊、古罗马建筑和意大利文艺复兴时期建筑样式和古典柱式的建筑，主要是法国古典主义建筑，以及其他地区受其影响的建筑。在石库门里弄建筑的外立面装饰或内部装饰中经常引入其中的元素。如图4-7所示蟠龙街的门头饰有的爱奥尼克式柱即为古典主义风格建筑。

图4-7　蟠龙街的门头饰有的爱奥尼克式柱

| 四、新古典主义风格 |

新古典主义的设计风格其实就是经过改良的古典主义风格。新古典主义风格保留了古典主义风格大致的材质和色彩,可以很强烈地感受传统的历史痕迹与深厚的文化底蕴,同时又摒弃了过于复杂的肌理和装饰,简化了线条。在西方建筑史上,曾出现过两次新古典主义建筑现象:一次是从18世纪下半叶到19世纪末期(1750—1899年),另一次是20世纪五六十年代至今。18世纪60年代到19世纪,欧美一些国家流行这种古典复兴建筑风格。在中国,恰恰也同样出现了两次所谓的新古典主义风潮,一次是从19世纪末至20世纪初,第一批新古典主义建筑是随着殖民主义所强加的文化殖民出现的。各式殖民建筑对中国,尤其对中国沿海城市的建筑影响颇深,在20世纪30年代达到鼎盛,如天津、上海、大连、哈尔滨、青岛、广州、沈阳等城市,西方古典主义风格甚至成为这些城市的"文脉"。因此,新古典主义风格在上海石库门里弄建筑中也较常见。如图4-8所示为新古典主义风格建筑山墙——多伦路201弄2号。

图4-8 新古典主义风格建筑山墙——多伦路201弄2号

| 五、巴洛克风格 |

图4-9　巴洛克风格的断檐式山花形门饰

巴洛克风格是指17—18世纪在意大利文艺复兴基础上发展起来的一种建筑和装饰风格。其特点是外形自由,追求动态,喜好富丽的装饰和雕刻、强烈的色彩,常用穿插的曲面和椭圆形空间。在一些较高档的石库门里弄建筑的装饰中能看见其身影,如淮海路上的尚贤坊沿街建筑立面有西班牙巴洛克式的风格。如图4-9所示为海宁路590弄(鸿安里)过街楼门头巴洛克风格的断檐式山花形门饰。

| 六、维多利亚风格 |

维多利亚风格是19世纪英国维多利亚女王(1837—1901年在位)时期形成的艺术复辟的风格,它重新诠释了古典主义风格的意义,扬弃机械理性的美学。在建筑上,维多利亚风格追求造型细腻、空间分割精巧、层次丰富、装饰美与自然美完美结合,这种审美趣味正是富裕的中产阶级要求改变居住环境和室内装饰样式等意识的直接体现。这种建筑风格在上海的石库门里弄建筑中也有呈现,如图4-10所示。

图4-10　维多利亚风格建筑

| 七、日本近代西洋风格（明治时代） |

明治维新以后，日本引入西方建筑技巧、材料和建筑风格后，新建的钢铁和水泥建筑与日式传统风格有极大的差别，这一时期的日本一

图4-11　日本近代西洋风格建筑（明治时代）

些近代西洋风格的住宅建筑往往呈现出似日似西的风格样式。在19世纪晚期，大批日侨进入上海后，也将这种建筑风格传入，在虹口、杨浦日侨主要的聚居区域能看到这类建筑风格元素，如多伦路、海伦路一带的石库门住宅建筑。如图4-11所示为日本近代西洋风格建筑（明治时代）。

| 八、英国式（乡村）建筑风格 |

由于石库门里弄建筑脱胎于英国式毗连式公寓，因此，石库门里弄建筑中的英国式建筑风格元素是比较多的。英国式建筑大多红砖在外、斜顶在上，屋顶为深灰色，具有简洁的建筑线条、凝重的建筑色彩和独特的风格，广泛运用坡屋顶、老虎窗、女儿墙、阳光室等建筑语言和符号，建材选用手工打制（以后为机制）红砖、炭烤原木木筋、铁艺栏杆、手工窗饰拼花图案等。这些典型的英国式建筑特征在石库门里弄建筑的装饰中都能找到并能一一对号入座。

| 九、法国式建筑风格 |

法式风格建筑元素包括屋顶多采用孟莎式,坡度有转折;屋顶上多有精致的老虎窗,且或圆或尖,造型各异;外墙多用石材或仿古石材装饰;细节处理上运用了法式廊柱、雕花、线条等,呈现出浪漫典雅的风格。整个建筑多采用对称造型,气势恢宏。

| 十、西班牙式建筑风格 |

西班牙式建筑风格的最大特点是在西班牙建筑中融入了阳光和活力,采用更为质朴温暖的色彩,使建筑外立面色彩明快,既醒目又不过分张扬,且采用柔和的特殊涂料,不生反射光,不会晃眼,给人以踏实的感觉。典型的西班牙式建筑元素包括从红陶筒瓦到手工抹灰墙,从弧形墙到一步阳台,还有铁艺、陶艺挂件等,以及对于小拱璇、文化石外墙、红色坡屋顶、圆弧檐口等符号的抽象化利用,都表达出西班牙式风格的特征。如图4-12所示虹口黄渡路的亚细亚里(单号住宅)是典型的法国式建筑风格与西班牙式建筑风格的混合,其屋顶构架为法国孟莎式,其余如螺旋式窗间柱、浅黄色水泥鹅卵石饰面、底层清水砖墙砌筑,二层的挑出外阳台、行列式布局等,均为典型的西班牙式建筑风格。

图4-12　法国式建筑风格与西班牙式建筑风格的混合——亚细亚里

第三节
里坊门与石库门

里坊门与石库门门头是石库门建筑装饰艺术中西合璧的典型,也是石库门建筑最令人瞩目的部分,代表着石库门的"门面"和"形象"。

| 一、里 坊 门 |

里坊门原指汉长安城内居民聚居地段的门。汉长安城内居民聚居地段多为方形或矩形,称"里",里门称"闾",居民区也称"闾里"。隋唐时称"坊",后来也称"里坊"。坊的四面建坊墙临街,井方形或矩形的坊门供出入。坊门早启晚闭,全年除几个节日外均实行宵禁,居民夜间不许外出。官府在坊门上标揭诏书旌表"嘉德懿行",或将政令告示居民,以加强封建统治。但从城市大街上极目四望,只能看到一片片坊墙和几座坊门,街景别有一番雅意。

石库门的里坊门与汉唐时期的里坊门在功能、形式上有着某种共性。石库门里坊门作为整个里弄的主出入口,既有区分街区与小区之意,也有保护居民安全之功能。石库门的里坊门既有中式牌楼式,也有西式拱券式,有的还有各种形制的壁柱装饰,形式丰富。在文字装饰上,汉字与阿拉伯数字的巧妙结合是里坊门的一大特色,各种书体、各种风格的中国书法和西式的公元纪年被融合在里坊门的门额之上。如图4-13所示为清水砖墙结合中式屋厦里坊门。

| 二、石 库 门 |

石库门里弄民居最具标志性的部位——石库门位于每个单元入口处,以门为主体,配以墙或柱,通常由木门、门框、门套和门环等组成。无论石库门民居其他部分是多么千差万别、形式迥异,其门框都是花岗岩的,既牢固安全,又能显示身份;大门一律漆成黑色,且门上都有一对铁环或铜环,给人以庄重、富足的感觉;门头装饰千变万化,无一重复,有半圆形、长方形、三角形、盾形或组合形状等,在工艺上则有砖雕、水泥雕、模具预制等。正因为它的独特性,才使石库门成为弄堂中最典型、最有代表性的空间元素和视觉元素。如图4-14所示为各式门头。

追溯石库门的来源,无论是从艺术形式还是从历史地理情况来看,毫无疑问可以确定它源自中国传统的江南民居。但因为石库门造在租界里,所以石库门的门,尤其是门头,又加上了西洋的装饰。

早期,门框多用石头砌成,后期门框

图4-13　清水砖墙结合中式屋厦里坊门

（a）巴洛克风格门头

（b）砖雕门头（张园）

（c）三角形门头

图4-14　各式门头

材料则石头、砖头和水泥都有，多简洁、无装饰，再后来则多有装饰，往往有多重线脚。有时在门框两边也会使用西方古典柱式的壁柱，而古典柱式中又多用科林斯式柱或爱奥尼克式柱。门扇是摇梗方式旋转门扇，这种门扇因循旧式墙门而来，门边框的上槛及石披均用石条，但里弄式住宅的石库门仅在形体上保留旧式，其在局部装饰等方面并非完全因循旧法。门扇一般采用5～8厘米厚的木料实拼而成，并以木摇梗启闭，门面均漆成黑色，一般门上有铜环或铁环一对，门宽约140厘米，门高约280厘米，这样的尺寸是由当时旧式家具及轿、棺进出的需要决定的。黑色门扇加上金属门环，使石库门里弄住宅平添了几分庄重。如图4-15所示为实心木门。

门楣部分是石库门最为精彩的部分，这里装饰最为丰富。早期石库门的门头上往往做复杂的砖雕，门框均用石库条，在石过梁的两旁大都附有刻花石雀替，与传统江南民居的石库门罩大体相同。20世纪

图4-15 实心木门

初,装饰中西合璧日趋明显,尤其是在门楣的装饰上吸收了西方建筑窗顶山花的做法,有三角形、半圆形、弧形、长方形或组合形状,在这些线框内做上装饰性的浮雕,既有欧式古典山花式样及巴洛克式的卷草、绶带,也有中国式的传统吉祥图案龙、凤、麒麟、元宝等。这些装饰有的学了建筑装饰派的简化几何图案线条,更有的是匠师个人的创造及艺术花样的杂糅。有些石库门的门头中西合璧,留出一方天地,写上四字格言,是中国宅居的题额,四字格言有的是吉祥祝愿,有的是古语训诫,内容大多是修身齐家敬德的格言,这也是中国传统文化的传承。如图4-16所示为三角形门头和砖雕。

20世纪20年代以后,新式石库门受西方建筑风格影响更甚——越来越多地在门头仿造西式柱头,门楣上带有中国传统特色的吉祥横批逐渐消失了,西洋装饰味越来越浓。大门上的凹凸花纹线条及花格子小门已较少采用,改用简单线条。

后期,花园式里弄、公寓式里弄出现后,石库门形式逐渐消失,取而代之的是花园洋房及别墅,但风靡一时的石库门里弄这一建筑风格早已为上海这座城市留下了独特的历史文化及审美韵味。

图4-16 三角形门头和砖雕

第五章
石库门里弄空间文化

石库门里弄建筑是近代上海市民最主要的居住空间,其容纳了各地移民(如广东人、宁波人、苏南人、苏北人等)及诸多不同职业者(如律师、教师、记者、医生、工程师、会计师、审计师、建筑师等)。石库门里弄住宅所拥有的特殊空间结构——建筑(家)、街区与城市的空间逻辑关系,让居住在石库门里弄住宅里的居民在长期的互相影响、渗透、融合中,形成了上海"五方杂居,华洋共处"的城市社会生态,在这个过程中,演绎出原生态的、世俗化的石库门里弄空间文化。

第一节
石库门里弄的弄堂文化

石库门里弄的特殊空间,形成了近代上海最基础的城市社会关系——邻里关系,催生出了石库门里弄特有的空间文化——弄堂文化。弄堂文化包括弄堂习俗、睦邻文化、休闲娱乐、弄堂游戏以及弄堂叫卖等等,弄堂文化是上海石库门里弄最鲜明的地域文化,已经成为上海最重要的市俗文化底色。

一、弄 堂 习 俗

大量的广东人、宁波人、苏北人等不同籍贯的移民同上海市区的本邦(本地人)共同在石库门里弄中居住、生活、经营。外地移民和本邦文化背景、地方习俗上多有差异,他们在弄堂里长期共同生活、互相接触,慢慢形成了多种多样的弄堂习俗。

岁时节庆是弄堂习俗重要的内容之一,尤其是春节。过年时,本地居民的过年砂锅是最重要的,砂锅里五味杂烩,农耕文化寓意浓厚,爆鱼(寓意年年有余)、粉丝(寓意长命百岁)、蛋饺(寓意招财进宝)、白菜(寓意财源广进)等应有尽有。宁波人过年,汤圆则是必不可少的,一碗汤圆寓意了思乡和团圆的情怀。苏北人在辛辛苦苦忙碌一年后,喜欢烧上一桌大菜,用大鱼大肉犒劳自己。

而广东人过年最为讲究。春节临近,寓居上海的广东人会去花店购买鲜花装点家居环境,期盼新的一年生活始终红红火火。到了除夕时,每家每户都会做上一些广式菜肴和点心。在广东人聚居的街区(如武昌路),还会上演颇具岭南风情的舞龙舞狮和粤剧来助兴,将节日气氛推向高潮。

弄堂里的人情往来主要体现在红白喜事上,这些场合会呈现出不同的地域特色:本地居民一般整个街区都会致贺或吊唁,苏北人一般会一条弄堂招呼和吆喝,宁波人则是一幢房子的住户都招呼一遍,而广东人只与同乡招呼。

不同地域的人们,饮食上还保留着乡土的习惯。本地居民与宁波人吃饭时一般喜欢在家中聚餐;苏北人吃饭喜欢端着饭碗,在马路上边走边吃;广东人则喜欢邀请三两好友或同乡相聚,或在家中,或在外,早茶则是广东人一天生活的开始。

| 二、睦 邻 文 化 |

石库门住宅普遍空间狭小,居住功能简陋。许多居民因陋就简,将一些家庭生活内容,如清晨洗漱、淘米择菜、修理物件等都转移到弄堂里进行,弄堂成为邻里间和睦相处的空间。邻里关系成为最稳定、最基本的城市社会关系。

灶披间是石库门里的"社会客堂间"。在那个信息相对闭塞的年代里,灶披间不仅是邻里间沟通交流的平台,还是人们信息交流、传递的渠道。灶披间即厨房,过去多是几户人家合用。灶披间里,主妇们在锅碗瓢盆中拉起了家常:她们经常津津有味地说起家长里短,或议当下的菜价,或说马路新闻,或聊别家的小道消息,等等。

到了夏天,石库门里的居民因为家中狭小闷热,一到傍晚时分,几乎每家每户都会在小弄堂里支上一张小方桌吃饭。一时间,狭长的弄堂里摆满了家家户户的小桌子,上面摆放着几个夏天常见的时令家常菜,如冬瓜、茄子、毛豆、番茄、丝瓜等。这个时候是一天之中弄堂最热闹的时刻,居民们常会端着自己做的菜肴串来串去,邀请邻居品尝。吃过晚饭后,人们还会端上时令的消暑点心或水果,边乘凉边聊天,互相分享。

石库门大多没有完善的晾晒衣物的设施,弄堂便成了居民晾晒衣物的地方,尤其是遇到阳光明媚的好天气时,弄堂大多"彩旗飘飘",挂满了居民晾晒的衣物(图5-1)。过去,住在石库门里的家庭往往都是双职工家庭,夫妻双方都有工作,早出晚归是家常便饭,他们工作繁忙时,经常顾不上家里,有时候早上洗好的衣物晾在弄堂里,到了傍晚还没有收进去,或者遇到下雨天来不及赶回来收,这个时候弄堂里的街坊邻居见状便会热心地帮忙将衣物收进房间,叠整齐,等他们晚上下班回家后再送过去。

在普及煤气以前,弄堂里的家家户户几乎都是生煤球炉烧水做饭的。煤球炉

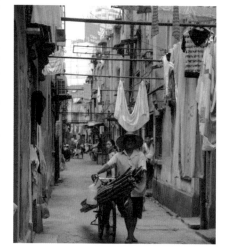

图5-1　晾晒的衣物

生火是一个技术活,费事费力,对一些上班早出晚归的家庭来说,晚上下班回家生炉子尤为不便,苦不堪言。为了节约生火的时间,他们便会拎着煤球向街坊邻居"借火"。通常情况下,弄堂里的邻居也会在这个点上预留烧着的煤饼以备不时之需,这样很快就可以烧水做饭了。

弄堂里谁家有红白喜事,左右邻居除了送人情外,还会一呼百应,前来帮忙。如果要在弄堂里摆上几桌酒席,只要和周围邻居打个招呼,尽管人家房间狭小,也会一大早起来将床拆掉,任由事主摆酒水;如果酒水桌椅不够了,邻居家也会借出自家的桌椅;灶披间人手不够时,弄堂里的邻居便会伸出手来帮厨,其中若有人手艺不错,还会主动掌勺。

| 三、休闲娱乐 |

过去,弄堂里居民生活大多比较清苦,他们的精神生活多处于一种真空、饥渴的状态,于是弄堂成为居民主要的休闲娱乐的场所。

扑克游戏是弄堂里最流行的一种娱乐休闲方式,扑克游戏以玩法多样而著称。据调查,过去,在乍浦地区的弄堂里最流行的扑克玩法有大怪路子、争上游、七鬼五二三、八十点等,以后又开始流行"斗地主"等玩法。此外,弄堂娱乐方式中另一种高人气的娱乐休闲方式莫过于弄堂麻将了。弄堂麻将俗称"弄堂敲麻",在过去多带有一点"白相相"的小赌怡情的意思,更多是朋友叙旧、邻里联络感情的工具。如图5-2所示为弄口牌局。

图5-2 弄口牌局

除了扑克和麻将外,各种棋类游戏也是弄堂里常见的娱乐方式。中国象棋、军棋是弄堂里老少皆宜的最受青睐的棋类游戏。此外,飞行棋、强手棋、斗兽棋等也是较受弄堂里孩子欢迎的棋类游戏。特别是夏天,晚饭过后,弄堂里的居民便三三两两地聚在一起,开始玩起了各种棋牌游戏,好不热闹。

弄堂里除了棋牌游戏外,还流行斗蟋蟀。斗蟋蟀俗称"斗禅羯",立秋一到便风靡整个弄堂,深得男性喜好。弄堂里的玩家会到郊野或公园捉蟋蟀或者到花鸟市场里去选购合意的蟋蟀,带回家中放于罐中饲养备战。一般晚饭过后,几个同好者会约战弄堂,斗玩取乐。

石库门弄堂地方虽小,却无法阻止居民莳花弄草、饲养宠物的雅趣。莳花弄草是一种颇有情趣的文雅的休闲方式,在螺蛳壳般的狭小的弄堂里,无须棚架瓷盆、花台草坪,只要到花市去买几个小盆栽,回来后分植移栽,家里的瓶瓶罐罐、方盒圆筒,都成了花草的寄居地。养宠物是石库门居民另一种休闲方式,一般家里比较有钱或者喜欢附庸风雅的居民往往喜欢养猫狗、金鱼或者养一些如画眉、百灵鸟之类的观赏性鸟类。20世纪五六十年代,石库门里弄中流行饲养鲫鱼、鸡或信鸽,俗称"弄堂里的海陆空",在物质生活不富裕的年代里,这既可以满足居民的精神生活需求,又可以偶尔改善一下生活。弄堂里有了花草的点缀,既美化了环境,也给居住在弄堂里的人们带来了一种赏心悦目的感觉,陶冶了情操。

弄堂里的娱乐收藏是指不带有任何经济目的,仅出于对某一种东西的喜爱,大多只具有把玩、自娱自乐性质的一种收藏方式,包括收集邮票、火柴火花、筷子、瓶子、香烟牌子等五花八门的杂项。

除了上面这些娱乐休闲方式外,在20世纪90年代中期,弄堂里还刮起过一阵玩溜溜球的风潮。大人、小孩在弄堂里玩弄一只只小小的溜溜球,同时还能摆出各种造型,颇有意思。

| 四、弄 堂 游 戏 |

苏州河两岸的石库门里弄生活有着本质的区别：苏州河以南的石库门生活以一户独幢为主，居民文化层次较高，经济比较富裕，人们的生活多囿于其所住的空间，包括晾晒衣服、游戏娱乐等。苏州河以北的石库门主要以底层的市民居住为主，市民物质条件比较差，弄堂里的孩子一般根据弄堂的地形空间，就地取材，自己动手制作各种适于弄堂玩的游戏玩具。常见的游戏有打弹子、跳筋子、扯铃子、造房子、抽陀子、顶核子、滚圈子、掼结子、刮片子，合称弄堂里的"九子游戏"。此外，其他弄堂游戏还有飞香烟牌子、挑绷绷、斗洋火棒等。

| 五、弄 堂 叫 卖 |

过去的商业是以走街串巷的挑货郎为主的流动业态。挑货郎一般会根据自己所卖的商品，编出各种各样"花头"的叫卖声，有的像唱山歌、唱小调，有的似顺口溜，声调忽高忽低，有的拖腔很长，抑扬顿挫。弄堂里一年四季、从早到晚充溢着挑货郎的叫卖声。

正如周璇在《讨厌的早晨》中唱的"粪车是我们的报晓鸡，多少声音跟着它起"，老上海石库门里弄的日常生活从每天的清晨开始：清晨四五点，粪车工会准时前来收马桶。随后，一阵清脆的马蹄声穿过薄雾，钻进了人们的耳膜，"挤马奶"人大概是每天最早出现在弄堂里的商贩，他们牵着母马，马背上驮着毡毯和小木桶，慢悠悠地走进弄堂。

民以食为天。20世纪50年代以前，弄堂里的各式摊贩中以做吃食生意的居多,从清晨到深夜,弄堂里小吃点心摊贩你来我往,几乎没有间断。早上,上海人通常喜欢以泡饭做早餐,偶尔也会买一些点心充饥。石库门弄堂最多、最热闹的吃食处,大概要算早晨的大饼油条摊了。大饼一般是咸的,也有甜的,还有豆沙的。刚出炉的大饼,清香松软,夹上一根刚刚出锅的油条,味道更棒,上班去的、上学去的,有这么一份大饼油条边走边吃,早餐就算对付过去了。考究一点,或许会坐下来,再买碗豆浆,就着大饼油条,或者是粢饭包油条,十分惬意。这四样早点,上海人称为"四大金刚",能天天享受的,在20世纪五六十年代应该说是生活条件不错的了。

新文化运动的伟大旗手鲁迅先生生命的最后十年就是在上海的石库门里度过的,在他的一些杂文中我们仿佛可以亲身体验到老上海石库门中的日常风情。他在《弄堂生意古今谈》中对回荡在上海弄堂里的小贩叫卖声描写道:

这是四五年前,闸北一带弄堂内外叫卖零食的声音,假使当时记录下来,从早到夜,恐怕总可以有二三十样……而且那些口号也真漂亮,不知道他是从"晚明文选"或"晚明小品"里找过词汇呢,还是怎么的,实在使我似的初到上海的乡下人,一听就有馋涎欲滴之慨。"薏米杏仁"而又"莲心粥",这是新鲜到连先前梦里也没有想到的。

主人上班、小孩上学后,弄堂里似乎安静了很多。主妇们买好菜,在灶披间里择菜闲聊时,又不时会有一些壮年汉子挑着担,在各条巷子里面穿梭,给主妇们提供各色各样的生活服务。

磨刀剪是最为常见的。摊主一般是苏北人,他们肩扛一条矮长条凳,凳上挂着盛水的小铁桶、工具盒,嘴里吆喝着"削刀磨剪刀"走街串巷。还有一种磨刀者则多为白俄,他们往往用带着外国腔的上海话吆喝,或者直接用俄语叫几声,也别有情趣。除了磨刀剪的,弄堂里还有很多修理摊子:如补瓷碗的,上海有句俗语"江西人钉碗,自顾自"说的就是这个行当;还有修洋伞的,地道的上海话是这样吆喝的——阿有坏的洋伞修哦。另外,棕绷也是石库门人家的常用品,用得久了,棕绳就会松弛下来,这时一等到弄堂里响起"阿有坏的棕绷藤修"的声音,主人就会应声而出,让手艺人把棕绷整修如新。如图5-3所示为弄堂内修理物件。

将近中午,弄堂里又渐归寂静,家家灶间传来饭菜的香味。午饭过后,主妇们在做针线,而小孩们则在家中认真地做作业,此时的弄堂可以说是白天最静谧的。

下午两三点后,弄堂里重归沸腾。放学的小孩在巷子里追逐嬉戏,小贩则又登场了。这时候最常见的是糖粥担。

图5-3 弄堂内修理物件

摊主一般肩挑两个大圆桶,一个盛糖粥,一个盛赤豆羹,也有的还兼卖芝麻糊、水果羹等。他们一般不吆喝,而是用竹梆声代替,即用一根竹棒敲打挂在担子旁的竹筒,发出"笃笃"的声音,人们一听便知道是糖粥担来了。除糖粥担外,弄堂里的常客还有小馄饨担、酒酿圆子担、排骨年糕担等。将近太阳落山,弄堂里家家户户又要准备晚餐了,这时又出现另一批小贩,有卖油煎臭豆腐的,有卖酱菜的,还有卖猪内脏熟食的,不一而足。

夜深后,伏枕还能听到幽静的弄堂里传来不同于白天的叫卖声。这时的挑担,大多放在弄口,点上一盏电石灯,担上香气四溢。此时如果有小贩偶尔经过某一门口时,二楼的亭子间里往往会传来叫买声,买主会从窗口吊下一个篮子,里面放一口小铝锅和零钱,摊主则收好钱,将买者所购的食物放进篮子里,篮子再被吊回。这时的买主,大多是亭子间挑灯夜读的文人或者是通宵雀战者。

在经过一天的忙碌之后,弄堂里终于重归静寂,等待着新的一天的到来……

第二节
石库门里弄的海派文化

石库门是海派文化的重要载体。在上海社会发生变迁的过程中,石库门里弄住宅成为上海近现代社会规范体系的空间基础,并且在此基础上演化出石库门弄堂空间文化,再进一步衍生成为上海的城市文化。石库门里弄是上海中产阶层形成的"空间容器",而在石库门里形成的中产阶层则是海派文化形成的原生驱动力。石库门不仅引领了中国近现代化的城市生活方式,还催生了极具上海地域性的城市文化——海派文化。

| 一、海派生活方式 |

中国近代中产阶层发端于上海的石库门。当时,由于英、法租界当局的强力管理,上海租界内基本上没有棚户区,除了花园洋房主要为富裕阶层(如外国富商、企业大亨、金融巨头、军政要员等)居住以外,占上海租界房产比例最大的石库门里弄住宅是大部分中产阶层最主要的居住空间。

19世纪中叶以后,西方文明的传入与渗透,深刻改变着上海城市社会结构,导致上海城市人口因职业属性变化而发生阶层属性的变动。在剧烈的社会变迁中,上海城市社会出现严重的混乱状态,面临传统社会的失范,中国传统社会中以血缘为纽带的传统社会结构(熟人社会)被打破,从而使城市中人与人之间缺乏有机联系和团体格局,进而形成现代社会(陌生人社会)。在现代社会中,人们不仅需要保持与亲朋好友(熟人)之间的"强联系",也需要与邂逅的陌生人保持丰富多变的"弱联系"。

　　石库门里弄住宅所拥有的特殊的空间结构——建筑(家)、街区与城市的空间逻辑关系在现代社会人际关系的建立中发挥了关键的作用。这些居住在石库门里弄住宅里的居民在长期的互相影响、渗透和融合中,形成了上海"五方杂居,华洋共处"的城市社会生态,被称为"海派生活方式"。

　　量大面广的石库门整合着居住其间的市民的生活方式。石库门的精小空间使居住者养成了精致化处事方式,石库门的中西合璧松动了原有的价值观念、审美态度、文化立意和城市理念,磨砺出新的城市人文精神。亭子间文化对于先进文化的接纳和激励,石库门与空间紧凑、追求效率、安全便捷、容易租赁的房地产市场的接轨,与兼容独立意识、交流意识、合作意识、休闲意识、竞争意识的现代生活方式的连接,与开放都市的融为一体,与政治风云、里弄经济、文学创作、电影艺术等息息相关……石库门不仅反映了城市的生活空间,而且直接渗入了经济空间和精神文化空间。石库门积淀了申城的旧时文化,同时又直射或折射了经济、政治、社会演化的全影像,促进了沪上多元文化和文化多维度演进。石库门涵盖老房、往事、旧情、遗产和历史,兼有和谐、交融、温情及尴尬、无奈、艰难,这里有城市母体的石库门营造、城市生命的石库门活力、人文风情的石库门集散、生活方式的石库门睿智、人生命运的石库门博弈,这里有生活空间与地标空间、生存状态与

生活图景、文化思考与文化表达、民俗风情与历史记忆、物质文化遗产
与非物质文化遗产,这里同时滋长着追求简约的审美情趣,经济实惠
的价值观念,亲和相助的生活诗情,奋斗进取的精神风貌,与时俱进的
灵活应变。石库门从封闭空间引向公共空间,引发逐步开放的启迪精
神;石库门在困惑和抗争中觉醒,引发拓展精神;石库门在吞吐西方文
明中形成自己的文化风格,引发创新精神;石库门从激烈的竞争中求
得生存和发展,引发竞争精神和进取精神;石库门在演变中吸纳四方
来客,引发宽容精神……

石库门的居住主体是上海近现代的中产阶层,他们大多从事脑力
劳动或以技术为基础的体力劳动,主要依靠薪金生活,一般受过良好
的教育(有的甚至有留学经历),具有专业知识和较强的职业能力及相
应的家庭消费能力;他们有一定的闲暇,追求生活质量,对自己的劳
动、工作对象一般也拥有一定的管理权和支配权;同时,他们大多具有
良好的修养及公德意识。

在众多石库门里弄里,静安区的"名人村"四明别墅是个中代表。
据不完全统计,1932—1952年间,这里户主的职业有医生(2人)、工程
师(7人)、大学教授(3人)、中学教员(3人)、文教职员(1人)、自由职业
者(4人)、职业会计师(6人)、洋行职员(5人)、商业贸易业主(18人)。
由此可见,石库门已经成为当时上海中产阶层主要的居住空间。不同
于中国传统的以家族或地域族群为划分特征的聚居形式,石库门居民
已经完全打破中国传统聚居形式,呈现出显著的职业、收入、文化背景
相近的同社会阶层集聚的特征。

上海的中产阶层,是以知识和技能谋生的阶层,其所具有的现代
性、知识性、专门性以及可能获得的优厚待遇,使其成为上海城市社会
结构中最为重要的基础,同时也成为当时上海乃至近现代中国社会价
值观念和生活方式的进步方向,引领着社会风尚与习俗的流变。

淮海中路上的尚贤坊就是个典型例子,当时尚贤坊居住者以小商

人、教师、作家、职员居多。因为当时著名作家郁达夫的好友孙百刚就住在其中，因此常有文化人章克标、方光焘，也包括郁达夫等来此拜会。

此外，位于静安区山西路吉庆里923号（今山西北路457弄12号）的吴昌硕故居堪称海派文化的地标。吴昌硕从1913年69岁时入住其间，直至1927年去世，在此生活了14年。作为海派画坛的领军人物，吴昌硕对海派画风的形成和发展有巨大影响。在这里，吴昌硕与于右任、齐白石、梅兰芳、长尾雨山等各界名流畅叙情谊；在这里，吴昌硕与海派名家倪墨耕、程瑶笙、熊松泉、沈寐叟、曾农髯等谈诗说艺；在这里，吴昌硕接受众人恳请担任了西泠印社首任社长、上海书画协会首任会长；在这里，王一亭、陈师曾、张大千、潘天寿、刘海粟等诸多画家得到吴昌硕的指点；在这里，王个簃被收为吴昌硕入室弟子；在这里，1923年农历八月初一吴昌硕八十岁生日，朋友弟子为他祝寿，晚上安排京剧演出，梅兰芳、荀慧生都到场并演出了剧目。所以，在这幢普通的石库门里，曾经发生过许多在上海画坛颇具影响的大事，这里是海派文化的一座丰碑和地标。如图5-4所示为吴昌硕故居。

图5-4 吴昌硕故居

| 二、亭子间文学 |

亭子间一般位居正间或厢房之后,通常夹在灶间之上、晒台之下,面积8平方米左右。亭子间名称虽雅,却是整幢石库门中居住条件最差的一间,多用作堆放杂物,或给用人居住。因为正房朝南,亭子间朝北,冬天西北风正好对着吹入,并且下有厨房,上有晾晒衣服用的晒台,所以住在亭子间里,一到夏天,头顶酷日,脚踏厨房蒸腾的热气,滋味十分难受。亭子间仿佛是精明的设计师为迎合上海移民社会的特点,在一幢房子的缝隙里硬挤出来的一块空间。亭子间不只是石库门建筑的专利,后来在上海的一些花园洋房和新里弄房子中也都设有亭子间。

20世纪二三十年代,越来越多的外地人拥入上海,廉价出租屋开始供不应求,于是一些精明的上海房东开始将亭子间出租牟利,亭子间因租金低廉而颇受低收入租住者青睐。当时,不只是经济拮据的普通市民选择租赁亭子间居住,一些单身来沪谋生的职业青年,往往愿意合租亭子间、吃包饭,因为这样既省钱方便,又可免去孤独的伤感,而且别有一番苦中作乐的浪漫情调。

基于这样一种社会生活现实,在20世纪20—40年代的上海亭子间里,衍生出了一种所谓的"亭子间文化"。"亭子间生活"俨然成为一种进步青年的生活情调,也是滋生青年作家、流浪艺人的域外"飞地"①。

郭沫若写于1925年的一篇题为《亭子间中的文士》的短篇小说也为我们展现了一个上海亭子间作家的生活和精神状态:

一座小小的亭子间,若用数量表示时,不过有两立方米的光

---

① 飞地,一种特殊的人文地理现象,指隶属于某一行政区管辖但不与本区毗连的土地。

景。……他在译读爱尔兰文人 Synge 的戏曲集，他的脑子里充满着了叫花子的精神……

他顺手把西窗推开，对面邻家的亭子间便现在眼前，相对称的窗眼恰好正对。……中间隔着一道与窗眼下缘等高的尺余宽的粉墙。

突然间一种小说般的结构屦进了他隐痛着的脑里来了。

——假使那边刚好住着一位女子，不消说要她年轻，要她貌美，要她不曾爱过人。更假使这边也住着一个同样的青年。

——他们两人对门居住着，心识久了，不知不觉之间便生出爱情来了。

——待到夜深人静的时候……

他幻想到这里时，便把自己所坐的板凳举起来，伸到窗外去测量窗口和粉墙的距离。板凳太短了，达不到粉墙头，大约还相差一尺的光景。

…………

在这样的狭小空间中，形成了一个典型的文学生产工厂，一大批后来在文学史上留名的作家都曾卜居其间，"亭子间作家"的称谓由此而来，并慢慢被演绎成了上海作家的代名词。

特别需要指出的是，20世纪30年代"左翼"文化运动的兴起也正是与亭子间文学紧密结合在一起的。当时，大批投身现实政治斗争的文化工作者来沪整理笔墨旧业，而一些留学日本、苏联、美国的文化人，因为上海开埠以来在国内所占据的独特的文化、政治、经济地位，归国后也大多寓居于此，于是上海成为当时文人的避风港。这批文化人大多居住于亭子间中，并在这里展开了各种文化运动，上海的文化事业在彼时达到了巅峰。许杰、丁玲、叶灵凤、郁达夫、梁实秋、杨骚、周立波、冰心、艾芜、欧阳山、草明、萧军萧红夫妇、罗烽白朗夫妇都曾经在亭子间里栖身，他们在这里自由自在地汲取激进、反叛、先锋、浪漫、唯美、写实等精神元素，然后带着各自的精神资源走向文坛。

| 三、石库门里的出版业 |

文化出版产业是城市社会生活繁荣的标志,20世纪二三十年代的上海已经是全国重要的文化中心。当时的福州路是上海最主要的文化产业集聚区,中国文化出版几大巨头(如商务印书馆、中华书局、世界书局等)均聚集于此。但除了这种大企业集聚的产业模式外,上海文化产业还呈"马歇尔式"的集聚模式(即经营规模小、内容同类或互补的集聚模式),当时上海这种文化产业集聚模式最理想的平台空间便是石库门里弄,当时的虹口四川北路一带就形成了这样的、当时上海第二个文化出版产业集群。

当时,虹口四川北路不仅是繁华的商业街,而且是上海文化娱乐集聚的区域,同时在四川北路的两侧还密布大量的石库门里弄民居。19世纪末20世纪初,虹口四川北路乍浦路一带兴建了至少40处石库门里弄住宅。1908年,西班牙商人雷玛斯不失时机地在乍浦路、海宁路口建造了中国最早的电影院"虹口大戏院",并且一举大获成功。此后,上海掀起了一股兴建新式电影院风潮,仅在当时虹口地区就集中了10多家电影院,而且大部分集中在四川北路两侧。电影业的火热带动了四川北路文化出版产业的繁荣,大量的书店、书局诞生在四川北路沿线的石库门里,其中既有以宣传红色文化为鲜明特色的新知书店、晓山书店、大江书铺(景云里)等,又有以专门介绍西方科普知识为基本文化色调的南强书店、辛垦书店、水沫书店(这三家均在公益坊)等。

各具文化特色的书店在四川北路一带的石库门里弄里麇集,吸引了一大批文化人、知识分子聚居于此,如鲁迅、周建人、叶圣陶、茅盾、冯雪峰、郭沫若、瞿秋白、陆澹安、陈望道、施蛰存、丁玲等,也包括为数众多蜗居在石库门里的那些靠鬻文卖字为生的默默无闻的知识分子和文化人。1926年,粤商伍联德等人在四川北路合办了闻名遐迩的良友图书印刷公司,吸纳了更多的文化人与知识分子投身其中。由良友图书印刷公司出版的"中国新文学大系"囊括了胡适、郑振铎、鲁迅、茅盾、郑伯奇、周作人、郁达夫、朱自清、洪深、阿英等人的作品,蔡元培为之做总序,"中国新文学大系"的出版可以称得上是上海文化繁荣的重要标志之一。

在这文化繁荣的背后,上海中产阶层的兴起是一个很关键的因素。中产阶层是引领、传播当时流行文化的中坚力量,当时作为中产阶层一部分的文化人、知识分子大部分居住在石库门里弄中,与中产阶层或下层阶层混居。"零距离"的接触,使他们既熟悉中产阶层所钟情的不断更新的风格化的生活样式,也了解下层阶层的文化需求,他们于是肩负起创造和传播流行文化这一重任,有意或无意地成为中产阶层市民文化的倡导者和引领者。正因为这样,中国第一个以满足不同市民阶层需求为宗旨的《良友》画报诞生了。《良友》画报包含了电影时尚娱乐、时势政治新闻、艺术文化教育、科学技术科普等万花筒似的内容,迎合了当时上海市民不同精神文化的需要。当时,石库门里的出版业呈现出一派五彩斑斓、光怪陆离的海派文化景象。

四、文化名人的聚居地

石库门里的日常生活曾经是上海人最温暖的记忆,也留存下了近代上海灿烂一时的文化名人记忆。石库门量大而广,是平民百姓栖身之所,这里房屋简陋、租金便宜,对于那些勉强以文换取几个铜板的小文人来说,是再合适不过的了。因此,在20世纪二三十年代,有一大批文化名人居住于此,留下了诸多的趣闻轶事。

多伦路,原名窦乐安路,全长不过550米,蜿蜒蛇行。在这条街及其周围散布着100多幢英、美、日、德、荷式样的洋楼和鳞次栉比的上海石库门建筑,不仅留下了孔祥熙、白崇禧等达官显贵的奢华印记和传奇,也孕育了众多文化名人,如中国白话新诗的奠基人、创作充满爱国激情的长诗《女神》的郭沫若,就曾住在这里。1926年郭沫若南下参加北伐后,他的日籍夫人安娜(佐藤富子)带着四个孩子住进了多伦路201弄89号,这是一座老式的弄堂房子,居住条件并不好,但环境还算安静。1927年底,郭沫若从广州秘密回到上海与家人团聚,后来他在这里翻译了《浮士德》第一部。1928年2月,郭沫若离开上海前往日本千叶。

多伦路上的名人故里以景云里(图5-5)最为集中。景云里位于多伦路135弄(现为横浜路35弄)背后,始建于1925年,占地面积1650平方米,建筑总面积2400平方米,有3排坐北朝南的砖木结构石库门建筑,3层楼住宅共32幢。鲁迅、叶圣陶、茅盾、冯雪峰、柔石、周建人、陈望道等许多文化名人都曾在此居住和工作过,这里素有"历史文化名里"之称。

图5-5　虹口景云里

除了像多伦路景云里这样的文化名人集中地外，散布在上海城市各处的石库门建筑中，还留存下为数更多的文化名人踪迹，这里限于篇幅，仅简单列举数例：

原卢湾区日晖里41号原来是遍布污浊黑水的肇嘉浜上打浦桥北面的贫民区。由于地处法租界旁的交通要道上，所以沿浜修筑了一片老式石库门弄堂，这里人口稠密，集市兴旺。1926年辟筑新新街，马路两边是由总弄和支弄连通的石库门。田汉于1927年冬迁至此地，与母亲、妻子、儿子、三弟、五弟和友人黄素等都挤在这幢房屋里，楼下是客堂，楼上住人。田汉创办的南国艺术学院在附近的永嘉路上，艺术学院师生不时到日晖里41号向田汉请教。在日晖里清苦的生活奠定了田汉内心坚定的革命基础，后来，田汉加入"左翼"作家联盟并参加了中国共产党，创作了电影《风云儿女》，并为《义勇军进行曲》作词，为电影《桃李劫》主题歌《毕业歌》作词。

马当路西成里建于1926年，有砖木结构二、三层楼石库门房屋134幢，其中16号是我国近代著名画家张大千的旧居。张大千，四川内江人，受家庭熏陶，自幼开始习画，18岁起与兄善孖赴日本学西画，1919年回国后在上海拜师习书法。后来，因未婚妻谢舜华去世，悲痛万分，曾在松江禅定寺出家为僧，法号大千。1925年，张大千在上海第一次举办个人画展后，在画界初露头角，以后名声远播。西成里建成后，张大千搬迁进去，16号是他的寓所，17号是其兄长张善孖寓所，两个天井打通，两个客堂也打通，兄弟俩在这里作画写字，四周墙上挂满他俩的书画作品。1932年底，张大千搬出西成里。

现代著名诗人、散文家、现代文学史上新月派的代表人物徐志摩的故居位于静安区延安中路913弄。这里原为一幢尖顶哥特式风格洋楼，曾是徐志摩以及他的伴侣陆小曼的爱巢。楼下当中为客堂间，陈设简单，只做穿堂。新房设在二楼厢房前间，后小间为陆小曼的吸烟室，三楼是徐志摩的书斋。徐志摩和陆小曼两人正是在此执笔写下了鼎鼎大名的《爱眉小札》《媚轩琐记》《小曼日记》等。从1926年到1931年徐志摩去世,他人生的最后6年时光都是在这里度过的。1929年3月29日,印度诗人泰戈尔再临上海时也曾居住于此。

散文家、画家丰子恺的旧居位于今黄浦区新乐路长乐村93号,如图5-6所示。1954年,丰子恺一家搬进这座三层小楼。这是一幢西班牙式风格的里弄住宅,从窄窄的木梯走上小楼最著名的二层,几间屋里布置着丰子恺的生平画作、书刊书影,靠近阳台南窗侧,木床、书桌、藤椅,都是先生用过的家具。墙上悬挂着他与国学家马一浮"合璧"的对联"星河界里星河转,日月楼中日月长"。这里是丰子恺一生中居住时间最长的寓所。

图5-6　长乐村丰子恺旧居

石库门里弄里这一幢幢积淀了深厚文化底蕴的石库门历史建筑,一个个曾生活于其间的历史文化名人,可以说,从一个侧面集中显现了一个多世纪以来上海的历史印迹和文化缩影。通过这里的每一条小径、每一棵树木,我们在静静回味着历史的变迁之余,对今天的生活也有了更多的领悟和思考。

| 五、国际友人的"挪亚方舟" |

石库门里弄不仅掩护了红色岁月中的众多勇士,也向国际友人敞开了善意的大门,成为战争时期宁静的避风港湾。

第二次世界大战期间,大批的犹太难民辗转来到上海,居住在虹口提篮桥石库门地区。这里先后建立起了7个犹太难民中心,即华德路138号难民中心、爱尔考克路难民中心、兆丰路难民中心、汇山路收

图5-7 舟山路上的石库门

图5-8 马浪路普庆里4号(今马当路306弄4号)

容所、荆州路难民中心、平凉路难民中心和华盛路难民中心。虽然战争时期的物质条件十分艰苦,但这些犹太难民并没有放弃对生活的希望。他们开设餐馆、露天咖啡馆、食品店、小吃店、面包房、酒吧、图书馆等来经营日常生活,并且按照欧洲的风格来修建废墟上的房子,当时的舟山路甚至有"小维也纳"的称号,如图5-7所示为舟山路上的石库门。犹太人的乐观精神感染了周围的上海居民,他们相互扶持、相互帮助,共同度过了那段艰苦的岁月。

马浪路普庆里4号(今马当路306弄4号)是大韩民国临时政府旧址所在地(图5-8)。1910年,日本吞并朝鲜,一批朝鲜爱国人士逃亡到上海,继续进行复国运动。1919年4月12日,他们宣告成立大韩民国临时政府,政府机关设在法租界霞飞路(今淮海中路)321号上,不久迫于日本的压力遭租界当局关闭,以后经7次迁移,迁入公共租界马浪路普庆里4号,转入秘密活动。大韩民国临时政府在上海活动了13年,其中一半时间是在马浪路普庆里4号度过的。在这期间,大韩民国临时政府主要做了两件大事:其一是改建政府组织形式,组建韩国独立党;其二是由金九等人成立了韩人爱国团,积极开展反日爱国斗争。1938年,大韩民国临时政府撤离上海。

鲁迅先生最重要的日本挚友内山完造便寓居在上海虹口四川北路上的魏盛里。1916年,内山完造夫妇来到上海虹口魏盛里开书店,书店开始主要销售基督教的福音书,进而销售一般性的日文书籍,再后来扩展经营中文书籍。20年代后期,书店大量销售包括马列著作在内的进步书籍,发行当时被禁售的鲁迅著作,并代售鲁迅自费出版的《毁灭》等6种进步文学读物。1929年,书店迁至北四川路的施高塔路(今山阴路)11号。1932年起,内山书店成了鲁迅著作代理发行店,同时出售当局禁售的其他进步书籍。30年代的上海,中国书店买不到的书,内山书店有卖;中国书店不敢经售的书,内山书店也能卖。书店的顾客除了日本人外,还有不少中国的知识分子和青年学生,尤其是进步青年。

1916—1947年,内山完造一直居住在虹口。千爱里2弄3号为内山第四寓所,他于1931年迁入。二三十年代的虹口四川北路一带是上海文化界人士居住最集中的地方,内山在此结识了不少中国文化界进步人士,并与其中不少人结下了深厚的友谊,如鲁迅、郭沫若、田汉等人。内山完造利用自己日本人的身份为中国进步力量做了很多事,他多次掩护、帮助进步作家,4次掩护鲁迅避难,郭沫若、陶行知遭通缉时他帮助避居,周建人、许广平、夏丏尊等被捕,也经他努力营救而获释。

1927年10月,鲁迅入住虹口,住在东横滨路的景云里(图5-9),此后与内山完造相识,从此,两人过从甚密,友谊日渐深厚。鲁迅与内山书店的关系也非常密切,从1927年10月他首次去内山书店购书到1936年去世,鲁迅在内山书店购的书有千册之多。内山书店不仅是鲁迅主要的购书场所,也是鲁迅著作代理发行店,还是鲁迅躲避国民党反动派通缉的秘密住所。这里不仅是鲁迅接待秘密客人的地方,而且成为地下组织的联络站,方志敏的狱中文稿、北平与东北等地的地下党转给鲁迅的信等都由内山书店转交。

图5-9 景云里鲁迅故居

第三节
石库门里弄的红色文化

中国共产党历史性地选择了上海，选择了石库门。上海是中国共产党的诞生地，中国共产主义青年团的诞生地，中国共产党重要会议、重要机构的所在地，也是很多革命人士的活动地。而且，很多活动也都发生在石库门里。

中国共产党选择上海，原因主要有三：第一，上海"三界四方"的奇特政治格局，把大一统的中国撕开了一道政治缝隙，为共产党的成立奠定了社会基础。中国共产党充分利用这道缝隙，开展革命活动，并把中共"一大""二大""四大"会址均选择在缝隙。第二，上海是中国工业的中心和工人阶级的摇篮，工人运动在这里蓬勃发展，为共产党的成立奠定了阶级基础。第三，上海是中西文化交汇的前沿和融合的基地，文化多元、氛围宽容，为马克思主义先进思潮的传播奠定了思想基础。

中国共产党选择石库门，原因主要有二：第一，石库门是近代上海居民的主要居住空间和社会空间，中国共产党扎根于民众，这里为革命活动的开展提供了隐蔽的天然屏障。第二，石库门弄堂四通八达，便于疏散与转移，为共产党人开展革命活动提供了极大的便利，这也是中共"一大"能够顺利转移的重要原因。

| 一、石库门见证了中国共产党的发展 |

从 1921 年至 1949 年,上海石库门见证了中国共产党的诸多重大事件和节点。在这期间,中国共产党共举行七次全国代表大会,有三次在上海石库门召开。这 28 年间,中央领导机关有 1/3 以上时间设在上海(不少设立在石库门),众多中国共产党领导人工作和生活在石库门。石库门还是中国工人运动的摇篮,与共产国际联系的据点,"左翼"文化的基地,统一战线的堡垒,诸多文艺作品也在石库门得以发表。

石库门见证了中国共产党的诞生。在嵩山路吉谊里创刊的《新青年》,吹响了新文化运动的号角。第一本《共产党宣言》在复兴中路 221 弄出版。南昌路老渔阳里 2 号率先成立了中共早期党组织,筹备了中共"一大"。兴业路树德里 76 号召开了中共"一大",中共"一大"代表就住在太仓路 127 号的石库门房子里。此后,中共"二大""四大"也都在石库门里召开。

石库门见证了工、青、妇群众团体的诞生:中华全国总工会的前身——劳动组合书记部、中国工人阶级第一个产业工会——上海机器工会成立于石库门,女工夜校、沪西工友俱乐部等工人团体机构设在石库门,共青团从淮海路渔阳里 6 号走出。此外,上海工人第三次武装起义命令发布地也在石库门。

石库门见证了党中央机关的设立。最早的党中央机关、中共"三大"后中央局机关、中共"六大"后中央政治局机关、中共中央上海临时中央局等分别设立在渔阳里、三曾里等石库门弄堂。

石库门见证了民族统一战线的建立。第一次国共合作时期,国民党上海执行部旧址、中国农工民主党第一次全国干部会议会址等均设在石库门。

石库门见证了进步文化活动的开展。中国共产党第一所党校、上海大学、上海外国语学社、平民女校、中共中央无线电训练班等教育机构，建党早期的《新青年》、《共产党》、宣传抗日救亡的《大众生活》等一大批进步刊物，出版第一本《共产党宣言》的又新印刷所、邹韬奋工作的生活书店等文化机构，"左联""南国社"等一批"左翼"文化社团，国歌（《义勇军进行曲》）与《大刀进行曲》创作，等等，无一不在石库门。

石库门见证了中国共产党的革命足迹。中共众多领导人如毛泽东、陈独秀、瞿秋白、周恩来、刘少奇、陈云等都在石库门里从事过革命活动。

｜ 二、石库门里的红色遗迹 ｜

（1）中国共产党第一次全国代表大会会址（图5-10）。位于兴业路76号（原望志路106号）。1921年7月23日，中国共产党第一次全国代表大会在此召开，大会的召开宣告了中国共产党的诞生。会址现为全国重点文物保护单位。

图5-10　中国共产党第一次全国代表大会会址

（2）中共"一大"代表宿舍旧址。位于太仓路127号（原白尔路389号）。中共"一大"期间，毛泽东、何叔衡、董必武、陈潭秋、王尽美、邓思明、刘仁静、包惠僧、周佛海等9人在此住宿。旧址现为上海市文物保护单位。

（3）中国劳动组合书记部旧址（图5-11）。位于成都北路893弄7号（原北成都路19号）。中国共产党诞生后，把开展工人运动作为党的中心工作。1921年8月1日，在上海创建中国劳动组合书记部（简称"书记部"），作为党公开领导工人运动的总机关，书记部是中华全国总工会的前身。

图5-11　中国劳动组合书记部旧址

图5-12　中国社会主义青年团、中央机关旧址纪念馆

（4）中国社会主义青年团、中央机关旧址（图5-12）。位于淮海中路567弄（原霞飞路渔阳里）6号。1920年8月22日，经上海共产党早期组织领导人陈独秀倡导，俞秀松等8人在此成立上海社会主义青年团，俞秀松任书记。同年9月，创办外国语学社。1921年3月，中国社会主义青年团临时中央执行委员会成立，并于此处设立团中央机关，俞秀松任书记。旧址现为全国重点文物保护单位。

新渔阳里建成于1919年。新渔阳里由一条青黑色砖墙形成主弄，四条红砖砌成的"腰带"镶嵌在青黑色的墙中，头顶上是一个接一个拱形过街楼，每条支弄都有半圆形的砖砌拱门。这样的建筑设计可为各种活动提供极好的掩护和隐蔽，此后，中国社会主义青年团在此诞生。

（5）上海工人第三次武装起义发布命令地点。旧址位于自忠路361号（原西门路西成里173号）。1927年3月21日，上海工人发动第三次武装起义，起义前的许多重要会议和准备工作都在此进行。陈独秀、周恩来、罗亦农、赵世炎、汪寿华等领导和指挥了上海工人第三次武装起义。旧址现为上海市市级纪念地点。

（6）中共江苏省委机关旧址。位于山阴路69弄90号（原施高塔路恒丰里104号）。1927年6月26日，中共江苏省委在此秘密召开会议。国民党军警获悉后急来搜捕，省委书记陈延年和省委干部郭伯和、黄竟西、韩步先4人被捕。韩步先叛变，指证陈延年等人。7月4日，陈延年、郭伯和、黄竟西在枫林桥英勇就义。旧址现为上海市文物保护单位。

（7）中共中央政治局联络点遗址。位于石门一路336弄9号（原同孚路柏德里700号）。1927年大革命失败后，在此设立中共中央政治局联络点，当时党内有人称它为联络点，也有人称它为"中央办公厅"。当时，周恩来和担任中央秘书长的邓小平几乎每天都要到这里办公。原建筑已拆。

（8）中共中央组织部机关遗址。位于成都北路741弄54号（原成都北路丽云坊）。1928年至1931年，在此设立中共中央组织部机关，此处后期是中共中央临时政治局常委兼中央组织部部长周恩来的办公地点。在此期间，周恩来部署举办许多秘密训练班培训干部，向苏区和红军输送人才，帮助各地党组织迅速恢复和发展。原建筑已拆。

（9）中国社会主义青年团临时中央局机关遗址。位于大沽路400—402号（原新大沽路356—357号）。1922年1月，党中央派施存统负责团临时中央局和上海团组织的工作。团临时中央局机关从霞飞路渔阳里6号迁至此处。施存统等人在此为加强团的建设和宣传马克思主义做了大量工作。1922年6月，被租界当局查封。原建筑已拆。

（10）中国共产党第二次全国代表大会会址（图5-13）。位于老成都北路7弄30号（原南成都路辅德里625号）。1922年7月16日，中国共产党第二次全国代表大会在此召开。出席大会的有12人，代表全国党员195人。会议选举陈独秀为中共中央执行委员会委员长，制定了党的最低纲领和最高纲领，第一次在中国近代史上提出了彻底的反帝反

图5-13　中国共产党第二次全国代表大会会址

封建的民主革命纲领，为中国革命指明了方向。会址现为上海市文物保护单位。

（11）中共"三大"后中央局机关遗址。位于象山路公兴路口（原三曾里，公兴路与临山路交叉处）。1923年6月，中共"三大"在广州召开。"三大"后，中共中央局机关办公处在此设立。毛泽东、蔡和森、向警予在此负责党中央的日常工作。原建筑1932年"一·二八"淞沪会战中毁于日本侵略者的炮火中。

（12）中国共产党第四次全国代表大会遗址。位于东宝兴路254弄28支弄8号处（原川公路与东宝兴路中间的铁道附近）。1925年1月11日至22日，中国共产党第四次全国代表大会在此召开。出席大会的有20人，代表全国党员994人。陈独秀任中央总书记。大会第一次明确提出了无产阶级在民主革命中的领导权和工农联盟问题，为新的革命高潮的到来做了理论上、思想上、组织上的准备。原建筑在1932年淞沪会战期间毁于侵华日军的炮火中。

（13）第一次国共合作时期国民党江苏省党部遗址。位于兴业路205弄（原望志路南永吉里）34号、41号。1925年8月至1927年4月，国民党江苏省党部办公地在此设立。柳亚子、朱季恂、侯绍裘为党部执行委员会常委，委员中有12人为中共党员。1926年11月，毛泽东到此

图5-14 中共上海区委机关旧址

了解江苏农民运动的状况,并主持制订了《目前农运计划》。原建筑已拆。

（14）中共上海区委机关旧址（图5-14）。位于山阴路69弄69号、70号（原施高塔路恒丰里83号、84号）。1925年8月至1927年6月,中共上海区委（又称江浙区委）在此设立。五卅运动后,中共中央派罗亦农担任中共上海区委书记,开展党组织和工会的恢复发展工作,上海工人运动掀起新的高潮。旧址现为民居。

（15）《中国青年》编辑部旧址。位于淡水路66弄4号（原萨坡赛路朱依里252号）。1923年10月,团中央机关刊物《中国青年》在上海创刊,主编恽代英,1924年春迁至此处。《中国青年》创刊时印发3000册,最多时发行3万册。旧址现为上海市文物保护单位。

（16）上海书店遗址。位于人民路1025号（原民国路振业里11号）。1923年11月1日上海书店在此创办后,《向导》周报、《中国青年》周刊、《前锋》月刊、《共产党宣言》等在此发行。1925年12月,党中央派毛泽民到上海,领导上海书店和印刷厂。1926年2月3日,被军阀政府查封。原建筑已拆。

（17）五卅运动初期上海总工会遗址。位于宝山路403弄（原宝山里）2号。1925年5月30日,五卅惨案发生。31日晚,上海总工会成立,选举李立三为委员长,刘少奇为总务科主任,当时总工会会所就设于此。6月1日,上海总工会发表宣言和告全体工友书,号召全市工人实行总同盟罢工,开展反帝斗争。原建筑毁于"一·二八"淞沪会战日军的炮火中。

（18）中共上海区委党校旧址。位于复兴中路239弄（原辣斐德路冠华里)4号。1926年至1927年2月,中共上海区委在此创设党校。1927年2月22日,上海工人第二次武装起义爆发,起义临时指挥部和联络处设于此。旧址现为民居。

(19)上海法商电车、电灯公司党支部、工会活动地点旧址。上海法商电车、电灯公司(简称"法电"),创建于1906年7月。1926年10月,中共法电党支部建立。同年12月6日,党支部在合肥路127弄4号正式成立法电电车、电灯、自来水工会。法电党支部和法电工会曾在自忠路18弄5号(原南阳桥裕福里5号)、吉安路144弄25号(原茄勒路光裕里25号)进行活动。在全市工人运动中,法电发挥了先锋作用。旧址现均为民居。

(20)南强书局旧址。位于四川北路989弄38号(原北四川路公益坊)。1928年南强书局在此成立,由杜国庠、柯柏年和冯铿三位中共地下党员负责,归"左联"领导。南强书局是文化"围剿"与反"围剿"斗争前哨的一块红色出版阵地。旧址现为民居。

(21)太阳社旧址。位于四川北路1999弄(原北四川路丰乐里)32号。1928年1月,蒋光慈、钱杏邨、孟超等在此发起成立太阳社,同时创办《太阳月刊》。太阳社倡导无产阶级革命文学,宣传马克思主义文艺理论,成员均为中共党员。1929年12月,太阳社停止活动,全部成员加入"左联"。旧址现为虹口区纪念地点。

(22)中共中央秘密联络点遗址。位于北京西路1060弄内(原爱文义路望德里1239号半)。1928年4月15日上午,时任中共中央临时政治局常委的罗亦农刚送邓小平从后门离开就被从前门冲进来的英国巡捕抓捕。3天后,他被引渡到国民党龙华淞沪警备司令部。4月21日,罗亦农在枫林桥慷慨就义,年仅26岁。原建筑已拆。

(23)中共淞浦特委办公地点旧址。位于山海关路387弄(原山海关路育麟里)5号。1928年10月至1930年中共淞浦特委在此设立办公地点(之一),门口曾挂着正德小学的招牌。旧址现为上海市文物保护单位。

(24) 中共中央秘密电台遗(旧)址。1929年秋,中共中央第一座秘密电台在延安西路420弄(原大西路福康里,原建筑已拆)9号设立。1930年5月,为更好地隐蔽,电台从该处迁至常德路23弄32号(原赫德路福德坊1弄32号,原建筑已拆)。1930年10月,在苏联学习无线电的同志回到上海,中共中央又在茂名北路111弄11号(原慕尔名路安吉里11号,现为民居)等处开设新的电台,并建立收发报机装配车间,党的无线电通信事业在此起步。

(25) 全国苏维埃中央准备委员会秘密机关遗址。位于愚园路259弄15号(原愚园路庆云里31号)。全国苏维埃中央准备委员会(简称"苏维会")在此设立秘密机关,李求实任党团书记,林育南任秘书长。1930年9月至10月,周恩来、瞿秋白、李维汉、任弼时等同志经常来这里指导工作。1931年1月,李求实、林育南等人在上海东方旅社不幸被捕,2月7日在龙华壮烈牺牲,苏维会的工作受到严重损失,机关也从庆云里撤离。原建筑已拆。

(26) 中共中央常委会议机关遗址。位于陕西北路332弄29支弄云上村1号。1931年至1932年中共中央常委会议机关在此设立,秦邦宪、张闻天、陈云等曾在此开会讨论工作。原建筑已拆。

(27) 八路军驻沪办事处旧址。位于延安中路504弄(原福煦路多福里)21号。1937年8月,八路军驻沪办事处(简称"八办")在此正式成立。八办的主要任务是团结各界抗日团体,争取上层进步人士,推动上海的抗日救亡活动。1939年底,八办结束活动,此后,这里曾作为新四军驻沪办事处联络点。旧址现为上海市文物保护单位。

(28) 江苏省委重建后的机关旧址。1937年11月,中共江苏省委在上海重建。1937年11月至1938年秋,省委机关设在巨鹿路211弄16号(原巨籁达路同福里16号,现为民居)。1938年秋,机关迁往长乐路504号(原蒲石路504号,现为商铺)。1939年4月,又搬到永嘉路291弄

66号（原西爱咸斯路慎成里66号，现为徐汇区文物保护单位）。

（29）新四军上海办事处旧址。位于嘉善路140弄（原甘世东路兴顺东里）15号。1941年3月，新四军上海办事处在此成立，杨斌任办事处主任。至1942年底，该办事处共输送各界人士近1700人到新四军根据地工作。旧址现为徐汇区文物保护单位。

（30）《星期评论》社遗址。位于自忠路163弄（原白尔路三益里）17号。1919年6月，戴季陶、李汉俊、沈玄庐、孙棣三等在上海创办《星期评论》。1920年2月，《星期评论》社从爱多亚路（今延安东路）新民里5号迁至此处。《星期评论》积极开展新文化运动，传播马克思主义，为上海共产党早期组织的创建做出了重要贡献。原建筑已拆。

（31）《天问》周刊编辑部遗址。位于淮海中路523号（原霞飞路277E号）。1920年2月1日，《天问》周刊在上海出版，它是湖南学生为驱逐军阀张敬尧运动而创办的刊物，编辑者为湖南进步人士傅熊湘和彭璜。毛泽东曾在《天问》周刊第23号上发表《湖南人民的自决》一文。原建筑已拆。

（32）沪滨工读互助团遗址。位于黄陂南路300弄（原贝勒路吴兴里）16号。1920年6月，湖南旅沪学生袁达时、罗亦农在此发起成立沪滨工读互助团。团员按自愿原则组合，实行半工半读集体生活。1921年2月，迫于经济压力，互助团宣布解散。原建筑已拆。

（33）《新青年》编辑部旧址（图5-15）。位于南昌路100弄2号。南昌路100弄当时叫环龙路老渔阳里，老渔阳里没有醒目的招牌，隐匿在南昌路100弄里，异常低调。老渔阳里建于1912年，是一个典型的旧式里

图5-15　《新青年》编辑部旧址

弄,有砖木结构两层石库门楼房8幢,建筑陈旧。老渔阳里2号是一幢坐北朝南的房子,房子外观仍旧保持灰色,大门约1米宽,门上雕刻的花纹隐约可见,《新青年》编辑部设在这里。1921年中共"一大"后,中共中央局在此办公。旧址现为上海市文物保护单位。

(34)上海机器工会临时会所遗址。位于自忠路225号(原西门路泰康里41号)。1920年8月,江南造船所锻工李中受中国共产党上海早期组织委托,发起组织上海机器工会。10月3日,该工会发起会在霞飞路渔阳里6号召开,这是党领导下成立的第一个工会组织,陈独秀等6人以参观者身份出席大会,会后设临时会所于此处。原建筑已拆。

(35)又新印刷所旧址。位于复兴中路221弄(原辣斐德路成裕里)12号。1920年6月,为出版陈望道翻译的中译本《共产党宣言》,上海共产党早期组织在此建立"又新印刷所"。是年8月,第一版《共产党宣言》印刷1000本,很快售罄,9月再版,加印1000册。中文全译本《共产党宣言》的出版,为党的成立提供了重要的理论基础。旧址现为民居。

(36)平民女校旧址。位于老成都北路7弄42—44号(原南成都路辅德里632号A)。1922年2月,平民女校在此创办,它是第一所党培养妇女干部的学校。李达、蔡和森先后担任校务主任,协助办校的先后有王会悟、向警予等人。陈独秀、李达等常来校授课,张太雷、刘少奇曾到校演讲。王剑虹、丁玲、王一知、钱希君等30余人在此学习。1923年初,学校停办。旧址现为上海市文物保护单位。

(37)上海大学遗址。位于青云路167弄(原华界青云路师寿坊)。上海大学的前身是私立东南高等专科师范学校,1922年10月,改名为上海大学。校址曾多次搬迁,1925年秋季开学时,迁至此处。原建筑已拆。

(38)夏衍旧居。位于唐山路685弄41号。1930年,夏衍在此创办上海艺术剧社,组织"上海戏剧运动联合会",从事革命文化活动。旧居现为虹口区纪念地点。

（39）聂耳旧居。位于公平路185弄86号2楼。1930年7月至1931年4月，聂耳在此居住。1933年，聂耳加入中国共产党，在上海创作《义勇军进行曲》。

（40）陈云旧居。位于淮海中路358弄（原霞飞路尚贤坊）21号。1935年7月上旬，中共中央政治局常委陈云在长征途中奉命秘密到达上海，在此居住，打算通过中共上海中央局与共产国际取得联系。同年9月上旬，鉴于上海中共地下组织遭受严重破坏，陈云奉命离开上海前往苏联，直接向共产国际汇报中共中央和红军长征情况。旧居现为民居。

（41）秦鸿钧秘密电台遗址。位于瑞金二路（原金神父路）148号、瑞金二路409弄（原中正南二路新新南里）315号。1940年8月，担任华中局秘密电讯报务员的秦鸿钧，在这幢楼房的阁楼上，设立中共中央与华中局联系的秘密电台。1949年3月17日，电台被敌人侦破，秦鸿钧被捕。1949年5月7日，秦鸿钧英勇就义。原建筑已拆。

（42）中共中央创办的第一个无线电培训班旧址。位于巨鹿路391弄（原巨籁达路四成里）12号。1930年9月，中共中央在此创办第一个无线电培训班。培训班以"上海福利电器公司工厂"的招牌做掩护，由李强负责实际工作，为严守秘密，学员不得随便外出。但由于工厂没有对外业务，所以引起了敌人怀疑。12月17日，正在紧张学习的20多名学员被巡捕抓捕，培训班遭受破坏。旧址现为民居。

（43）三和里女工夜校旧址。位于西康路910弄（原小沙渡路三和里）21—23号。三和里女工夜校（1930年至1949年）是上海众多女工夜校中历时最长、影响最大的一所学校，也是中国共产党在沪西地区开展女工运动的重要场所之一。抗日战争全面爆发后，该校师生奔赴前线慰问抗日将士。中华人民共和国成立前，该校师生积极参加护厂队、纠察队、救护队的活动，为迎接上海解放做出了重要贡献。旧址现为民居。

(44)中共中央文库遗址。位于西康路560弄(原小沙渡路合兴坊)15号。1935年2月,陈为人在此租用两层楼房作为中共中央文库。1937年3月13日,陈为人因操劳过度,心力交瘁病逝于此,年仅38岁。后来,中央文库几经转移,管理也数易其人。上海解放后,陈来生将1.5万余件(16箱)党内文件完好无损地交给中共上海市委,后移送中共中央档案馆保存。原建筑已拆。

(45)《新少年报》社旧址。位于自忠路(原西门路)355号。1948年,此处的西厢房是中共上海学委领导下创办的《新少年报》社的公开社址。旧址现为商铺。

(46)明夷印刷局遗址。位于巨鹿路305弄(原小浜湾)9号。1948年9月,中共上海学委在此开设明夷印刷局,学委副书记吴学谦任书局协理。中华人民共和国成立前夕,明夷印刷局印刷了《告全市人民书》《将革命进行到底》等宣传品。原建筑已拆。

(47)景云里——"左翼"文化人士居住地旧址。位于横浜路35弄。1928至1932年,鲁迅、茅盾、叶圣陶、柔石、冯雪峰等一批"左翼"文化名人先后居住于此,他们在此倡导"左翼"文化,谱写了中国革命史和中国现代文学史上的光辉篇章,景云里由此成为闻名中外的历史文化名里。旧址现为民居。

(48)彭湃烈士在沪革命活动地点旧址。位于新闸路613弄12号(原新闸路经远里1015号)。这里是当时中共中央军委秘密机关所在地。由于中央军委秘书白鑫叛变,1929年8月24日下午4时许,正在此处开会的中共中央政治局委员、中央农委书记彭湃,中央军事部长杨殷,中央军委委员颜昌颐和江苏省军委干部邢士贞等人不幸被国民党军警抓捕。8月30日,彭湃、杨殷、颜昌颐、邢士贞4人在龙华英勇就义。旧址现为上海市文物保护单位。

(49)杨杏佛旧居。位于南昌路100弄(原环龙路铭德里)7号。1925年至1933年,杨杏佛在此居住。杨杏佛早年加入同盟会,参加辛亥革命。1925年,主办《民族日报》,参与组建中国济难会。1926年,任国民党上海特别市党部执行委员兼宣传部长。1932年,与宋庆龄等发起组织中国民权保障同盟,任副会长兼总干事。1933年6月,杨杏佛在上海被国民党特务暗杀。旧居现为卢湾区登记不可移动文物。

(50)李硕勋旧居。位于延安中路545弄15号。1927年10月,李硕勋受中共中央调派,到上海从事革命活动,在此居住。其间,他曾担任中共中央军委委员、江苏省委军委书记、浙江省委军委书记、上海沪西区委书记等职。旧居现为民居。

(51)茂名路毛泽东旧居。位于茂名北路120弄7号(原慕尔名路甲秀里318号)。毛泽东于1924年2月后,搬入该处居住。1924年6月初,杨开慧携儿子毛岸英、毛岸青陪同母亲向振熙从长沙到上海,在此居住。旧居现为上海市文物保护单位。

(52)邓中夏旧居。位于宝山路430弄(原宝山路宝山里)92号。1923年2月,中国劳动组合书记部主任邓中夏在此居住。1923年夏,经李大钊介绍,上海大学校长于右任聘请邓中夏担任该校校务长,负责主持学校的行政工作。1924年3月,上海大学迁往西摩路(今陕西北路),邓中夏离开宝山里。原建筑已拆。

第六章
石库门里弄营造技艺的保护与传承

近年来,随着上海城市化进程的加速,大量的石库门建筑陆续被拆除。为保护石库门建筑遗产,政府通过申报市级、国家级非物质文化遗产,建立相应传承体系,确立风貌街坊名单,明确保护传承点,出台最严"刹车令",加大保护力度。同时,以上海石库门文化研究中心为代表的社会各界积极配合,开展丰富多彩的相关活动与学术研究,并携手社会各界倡议石库门申请世界文化遗产,共同促进石库门文化遗产的保护和传承。

第一节
濒 危 遗 产

1949年以后,稳定的社会和安定的环境,使得上海市常住人口又经历了一番上涨,随之而来的住房困难成为上海一个重大问题。石库门里弄房屋经过了50~80年的使用,立帖式木结构或砖木结构房屋都超过了原先设计的使用年限,破损严重。

进入20世纪80年代,改善居民居住条件被提到了上海市各级政府的议事日程上。80年代初,黄浦区因兴仁里的房龄超过100年,难以维修,区政府率先对这条里弄进行了拆除改造,建成了当时流行的新工房。80年代中期,上海市提出旧城危房棚户区改造方案,第一批制订了规模达360万平方米的成片危房棚户区的改造计划,其中许多是石库门里弄。

以慈厚南里为例,20世纪80年代中期的调查结果显示,慈厚南里共有单开间石库门里弄房屋203幢,建筑面积21733平方米,居民1041户,人口约3340人,平均每幢两层房间中有5.1户人家(5.1户是指以户口本为计算单位,有些家庭有两本户口本),人均建筑面积6.5平方米。这里还有一些单位使用的房屋,可见居住之拥挤程度。经过近80年的过度使用,立帖式木结构房屋已经破败不堪,险象环生,被列入上海市第一批旧房危房改造范围,于1994年动迁拆除。与慈厚南里同时拆除的慈厚北里,有石库门里弄房屋135幢,式样与慈厚南里相同,建筑面积15884平方米,当时有居民544户,约1880人,平均每幢房屋有住户0.4户,人均8.44平方米建筑面积,居住情况同样堪忧,因而慈厚南北里一并被拆除。

东西斯文里也因同样的原因,被列入上海市第一批拆迁改造范围。20世纪80年代中期统计结果显示,西斯文里共有单开间砖木结构两层房屋249幢,建筑面积18043平方米,有1333户居民约4680人,平均每幢房屋有5.35户,人均建筑面积3.85平方米,因为有许多搭建,如晒台搭建、三层阁楼、两层阁楼等,所以有些单幢房屋出现使用面积大于原始建筑面积的状况。东斯文里共有房屋390幢,建筑面积28242平方米,有1795户居民约5730人,平均每幢房屋有4.6户家庭,人均建筑面积4.9平方米。东西斯文里居住拥挤程度比慈厚南北里更甚。西斯文里于1991年开始动迁拆除,而东斯文里直到2013年才开始动迁。

即使是房屋质量比较好的石库门里弄住宅,住房困难也是一个绕不过去的问题。如紫阳里有36幢三开间、两开间的石库门里弄房屋,7303平方米建筑面积,20世纪80年代中期调查结果显示,紫阳里有326户居民约1030人,平均每幢房屋住9.05户家庭,平均每户建筑面积22平方米,人均建筑面积7.09平方米。又如富康里,有55幢三开间、两开间的石库门房屋,9659平方米建筑面积,20世纪80年代中期调查结果显示,有400户居民约1050人,平均每幢房屋居住5.45户家庭,户均建筑面积32.2平方米,人均建筑面积9.5平方米。

由于居住空间较为拥挤,所以居民也迫切希望进行动迁改造。一些建筑质量尚好的石库门里弄建筑,也因20世纪90年代末和21世纪初开始的动迁改造而不复存在了。

第二节
抢 救 保 护

上海石库门作为最具特色的历史文化遗产被关注,并被列入"世界濒危遗产",这引起了政府、学术界和社会的高度重视,相关部门开始了抢救性保护工作。

| 一、申报国家级非物质文化遗产 |

石库门主要分布在上海市中心的原卢湾、黄浦、虹口、闸北、静安、徐汇等区,其中以原卢湾区数量最多、种类最为齐全。为了加强对石库门的保护,保留城市历史风貌,原卢湾区政府率先启动抢救保护行动,2007年4月,原卢湾区将"上海石库门里弄营造技艺"列入第一批卢湾区非物质文化遗产名录。为进一步加大保护力度,经过反复研究、磋商,2008年2月22日,原卢湾区文化馆与同济大学国家历史文化名城研究中心张雪敏教授团队正式签约,委托张雪敏团队对"石库门"这个上海地域文化中十分重要的组成部分进行系统的研究,项目申报上海市非物质文化遗产保护名录。经过一年多的跨学科研究,其间会同区委、区政府各部门以及诸多专家学者进行了多次论证,项目逐渐成形,最后经区专家评审,一致同意将此项目申报第二批上海市非物质文化遗产名录。至2009年3月20日,卢湾区已完成"上海石库门里弄营造技艺"项目申报上海市非物质文化遗产名录的专家评审程序。同年,由虹口区文化局申报的石库门生活习俗被列入上海市级非物质文化遗产名录。

2009年5月17日,在世博会首场上海区县公众论坛上,卢湾区正式宣布启动"上海石库门里弄营造技艺"项目申报国家级非物质文化遗产名录的工作。原卢湾区文化馆(区非物质文化遗产保护中心)与上海创集文化传播有限公司就"上海石库门里弄营造技艺"项目进一步申报国家级非物质文化遗产名录的工作签订了备忘录,由其继续负责项目申报材料的进一步深入研究、补充和完善工作。此次"上海石库门里弄营造技艺"项目由卢湾区独立申报国家级非物质文化遗产名录,任务艰巨,签约研究团队将主要针对"上海石库门里弄营造技艺"项目的文化记忆、生活民俗、建筑样式、营造技艺等内容进行补充,特别是要对营造技艺的相关扩展内容做深入挖掘,进一步完善申报文本和申报影像,力求成功申报。

2010年6月11日,"石库门里弄建筑营造技艺"项目被列入国家级非物质文化遗产名录。这标志着对"石库门"这一上海城市近代历史重要标志的保护进入了新的阶段。

| 二、确立传承机制 |

上海石库门里弄营造技艺传承机制主要包括传承人、传承主体、管理部门和相关机构等要素。其中,传承人是传承机制的核心,传承主体是技艺传承的载体,管理部门是确保技艺合理有序传承的保障,相关机构是技艺保护、传承和创新的有力支撑。

1.传承主体与传习所

(1)传承主体。石库门里弄营造技艺的传承方式是由传承主体决定的。传承主体包括指定的个体传承人、由传统匠帮逐渐发展形成的海派营造厂、由设计师团队组建的中外设计事务所、专业测绘设计机构以及房屋维修团队等。这些机构在技艺传承上都是以社会传承的形式出现的,与一般传统工艺师徒个体传承的形式截然不同。

此外,各级政府管理部门、石库门里弄社区、学术研究团体、相关院校机构及媒体等分别承担着管理、保护、研究、宣传工作,在石库门营造技艺的传承中起着不可或缺的作用,也可视为新型传承主体,成为上海石库门里弄营造技艺传承机制的重要组成部分。

(2)传习所。传习所是世界通行的、针对技艺传承最行之有效的保护方法,也是非物质文化遗产传承机制的重要载体之一。为保护和延续上海石库门里弄营造技艺,有必要设立一个专门的技艺传习机构。黄浦区作为上海石库门建筑最集中、风貌保存最完整、营造技艺研究最深入的石库门文化集中地,应率先成立全国首个集研究、保护、传播、教育和普及于一体的上海石库门里弄营造技艺传习所。由国家级和省市级项目代表性传承人收徒授艺,对有志于从事该项技艺的人员进行经常性的辅导培训,使其掌握其中一项或多项技艺,培养营造技艺后续人才。

石库门里弄营造技艺是一门实践性、操作性较强的非物质文化遗产项目,在明确传承主体的基础上,依托专门设立的传习所作为遗产保护工作的开展单元,有利于培养传承人,有利于进行知识普及与传播。在民间建起广泛的非物质文化遗产传播途径、成立民间保护队伍,结合现代的方式方法,使保护落实到具体行动中,将取得显著的实施效益。

2.传承制度与管理机构

完整系统的传承制度是石库门里弄营造技艺保护工作取得成效的必要途径,传承制度包括组织机制、区域合作保护和协调机制、监测评估机制等内容。通过传承制度的制定和实施,形成一支自上而下的管理队伍和组织系统,是相关遗产管理部门的重要职责。

石库门里弄营造技艺的传承是由黄浦区(原卢湾区)非物质文化遗产保护中心和文物保护管理所负责组织实施的,是在遗产保护研究机构和传承资料保存机构的监测、协调下,由修缮技艺传承机构来具体执行的。如表6-1所示为石库门里弄营造技艺传承相关机构情况。

表6-1　石库门里弄营造技艺传承相关机构情况

传承相关机构	名称	代表人物	主要职能
修缮技艺传承机构	上海市房地局房屋修缮队		从业人员必须经过专业的石库门里弄营造技艺培训,在传承人的指导下负责石库门里弄建筑的修缮与日常维护,共同遵守不改变石库门里弄建筑原状、最少干预的原则
	黄浦区房地局房屋修缮队		
	上海美达建筑装潢工程有限公司	梅之江(泥工),1968年师从张也明;奚彩祥(泥工),1971年师从李松生;周浩中(木工),1973年师从潘学林	
传承资料保存机构	上海档案馆		系统收集、整理石库门营造技艺文献档案资料,采用文字、图片、录音、录像等方式,全面记录传承人掌握的石库门营造技艺,编写石库门营造技艺教材,出版石库门里弄营造技艺相关书籍
	上海建工集团档案室		

续表

传承相关机构	名称	代表人物	主要职能
遗产保护研究机构	同济大学国家历史文化名城研究中心	阮仪三及其团队	通过对石库门文化全面系统的研究,提出保护与传承石库门里弄营造技艺的具体实施方案,制订相应措施,为非物质文化遗产的传承提供可以依托的理论依据
	上海石库门文化研究中心	张雪敏及其团队	
	同济大学传统营造工艺研究室	李浈及其团队	
管理指导协调机构	黄浦区非物质文化遗产保护中心		明确已列入名录的传承人的现实情况,按照标准发放津贴、补助;制定石库门里弄营造技艺传承专项资金使用管理办法;有计划地组织对已列入保护名录的石库门里弄建筑的修缮与维护;发现和保护目前尚未列入保护名录但确有代表性和历史价值的石库门里弄建筑
	黄浦区文化局		
	黄浦区文物保护管理所		

3.传承环境与社会参与

营造有利于遗产传承和发展的环境,建立遗产传承核心示范区并进行有效辐射,是石库门里弄营造技艺传承机制的重要环节,也是石库门里弄营造技艺存续的有力支撑。鉴于此,一方面要加强对石库门里弄营造技艺载体的保护,建立石库门里弄营造技艺博物博览群;另一方面要将非物质文化遗产与其载体紧密结合起来,通过全社会参与,凝聚民间机构的力量,共同推进石库门里弄营造技艺的传承工作。

以石库门密集分布的黄浦区为例。近年来,黄浦区委、区政府高度重视以"石库门"为核心的历史文脉的保护与传承,以科学发展观为指导,率先在全区范围内探索石库门文化建设,各部委投入资金人力做了大量的工作,有关职能部门、企业集团密切协作,努力抓好贯彻落实,在专家团队、社会力量和广大市民积极配合、热心支持下,黄浦区石库门文化与经济社会的协调发展取得突破性进展。通过开展以石库门里弄为重点的文物普查,积极支持新天地、田子坊等石库门文化产业园区的建设,举办别开生面的石库门论坛、厅堂演艺、文艺创作、视觉艺术等活动,探索出了石库门资源开发利用的新模式。而寻访历史老人,制作纪录片《走进石库门》,则更加直观地向普通民众展现了石库门民居建筑的风土人情和历史典故,使石库门保护工作真正走进了民间。

(1)举办世博会首个区县论坛——上海石库门遗产保护与文化传承。2009年5月17日,为了迎接中国2010年上海世博会的举办,上海各区县围绕"城市让生活更美好"的主题,以论坛的形式进行探索。每个区县结合自身特点,开展主题论坛。原卢湾区作为世博会客厅,结合区里申报"石库门里弄营造技艺"这一核心工作,举办以"上海石库门遗产保护与文化传承"为主题的石库门保护论坛(图6-1)。这次论坛宣布成立"上海石库门文化研究中心",同时开通"上海石库门网站",并达成了"上海石库门共识"以保护传承"石库门"文化遗产。"精

图6-1　石库门保护论坛

彩世博会,魅力石库门",论坛的成功举办对"石库门"这一优秀城市文化遗产的保护、传承起到了积极的作用,保护和利用石库门文化遗产被上升到提升上海文化软实力、综合竞争力和国际影响力的历史高度,使"石库门"成为上海永不褪色的一张名片,具有较好的理论和实践意义。

石库门里弄以其中西合璧的海派建筑风格独领风骚,是上海近代以来最典型的民居建筑,保存至今,已成为上海的城市名片和城市形象,是上海乃至中国20世纪营造技艺的杰出代表之一。作为一项重要的非物质文化遗产,上海石库门里弄营造技艺,继承了民族传统建筑风格,开近现代民居建筑之先河,具有极高的历史、艺术、科学、经济、社会和文化价值。保护和利用石库门文化遗产,是历史赋予上海这座国际化大都市的必然使命。

作为历史文化空间,石库门里弄不仅是中国红色革命的摇篮,而且孕育了无数在中国近现代史上具有重要影响的文学作品和艺术成就。作为市民生活空间,石库门里弄已成为上海城市生活的缩影,它既是上海宝贵的城市记忆,更是上海市民的精神家园。保护和利用石库门文化遗产是延续上海城市文化和城市精神的重要途径。

在历史进程中,石库门已成为上海城市的重要符号,也是上海的一个文化品牌。我们要通过这一文化品牌来发展石库门文化产业,促进"商""旅""文"联动发展,让石库门文化创造更高的社会效益和经济效益,以此作为保护和利用石库门文化遗产的重要目标。

石库门文化遗产是上海重要的城市遗产资源,是上海构造"文化大都市"和发展"创意城市"的重要源泉,也为创造丰富多彩的未来城市生活提供了条件。对此,石库门保护论坛与会嘉宾表示,将共同致力于保护和利用石库门文化遗产,继续推进上海文化传承,共建城市生活美好未来。

(2)以上海石库门文化研究中心为代表的社会团体积极配合。石库门营造技艺申请国家级非物质文化遗产的成功和政府的保护政策、宣传推广,刷新了社会各界对石库门文化遗产的认知,激发了社会各界对石库门的保护热情,出现了一批研究石库门的社团、学者和爱好者,上海石库门文化研究中心便是其中之一。

2009年5月17日,在世博会首个区县论坛上成立的上海石库门文化研究中心,以上海石库门文化遗产的发掘、保护、传承、利用为宗旨,致力于石库门文化遗产的理论研究、基地建设、产业拓展、媒体宣传及品牌推广,是上海首家也是唯一一家以石库门为专门研究对象的权威科研机构。近10年来,上海石库门文化研究中心会聚社会各界的石库门研究者、爱好者,开展相关学术研究,进行相关社会调查,开设石库门文化讲堂,举办石库门论坛,成立石库门守望志愿者团队,举办石库门主题展览,倡议石库门申请世界文化遗产,等等,与社会各界一起,共同推进石库门文化的传承。

(3)开办石库门文化讲堂。石库门文化讲堂以石库门文化遗产与海派文化为核心,采用漫谈、对话、汇讲、主讲等形式,每月在石库门里弄传承创新基地田子坊举办一期,讲述石库门故事。讲堂坚持“社会团体发起、社会力量组织、社会精英发话、社会人士参与”的社会运作模式,营造“石库门里讲石库门”的文化氛围,旨在让讲堂成为市民关注身边城市文化记忆的一个窗口,唤起市民关注所生活的城市、关注石库门文化的意识,更好地保护和传承城市遗产。

(4)举办石库门论坛。2015年9月30日,由上海市政协文史委、上海市规划和国土资源管理局主办,上海城市规划展示馆、上海石库门文化研究中心承办的“2015上海石库门的保护与传承高峰论坛”,在上海城市规划展示馆举行。市、区相关部门和市高校、相关学术研究机构工作人员,文化遗产保护、城市文化研究、文化产业界的专家学者以及媒体记者等社会各界人士约两百人出席了论坛。

论坛现场气氛热烈,台上台下互动频繁,各路嘉宾观点鲜明,论述精彩纷呈,为石库门文化的保护与传承提出了诸多真知灼见。论坛与会的社会各界人士一致认为,石库门是上海城市文化的名片和上海人的精神家园,也是上海城市更新发展和建设国际大都市的重要资源。保护和传承石库门文化功在当代,利在千秋。

(5)学术研究。上海石库门文化研究中心与上海市政协、同济大学、上海社会科学院等机构合作,开展石库门文化相关研究。

(6)上海石库门特色里坊研究。2014—2015年,上海石库门文化研究中心联合同济大学开展了石库门特色里坊课题研究。课题一改过去上海针对单体保护对象的研究(如点状建筑单体类型的保护对象有文物、优秀历史建筑,线型保护对象有风貌保护道路,区片型保护对象有历史文化风貌保护区等),提出"特色里坊"全新概念,改变上海局部性保护方式,注重单体保护对象与其周边环境以及周边街坊相关历史文脉的整体性保护。"特色里坊"专题研究完善了石库门单体保护所带来的问题,有效补充了上海市既有遗产保护框架,大幅度推进了上海石库门遗产保护工作,开创性提出了具有城市特色的保护新类别,夯实了石库门里弄营造技艺传承的基础。

(7)虹口港石库门里弄市井文化研究。2014—2015年,上海石库门文化研究中心联合同济大学以虹口港石库门里弄为研究对象,开展石库门里弄市井文化的专题研究。本课题以虹口港滨水石库门里弄街区为空间载体,以其中的居民为研究对象,以充分利用、借鉴前人相关研究为基础,以实地调研、口述访谈等方法,在研究虹口港地区市井文化资源的基础上做出评价,为虹口港地区石库门里弄保护和利用提供有益的参考。

(8)上海市政协"传承文脉 保护城市历史风貌"课题调研。2018年,上海石库门文化研究中心配合上海市政协,参与"传承文脉 保护城市历史风貌"课题调研。调研期间,上海石库门文化研究中心与上海市政协从全市层面赴各区和市政府相关部门一起开展专项课题调研,以问题为导向,聚焦上海城市历史风貌保护实践过程中存在的遗留问题和转型发展中出现的新情况,针对"短板"与"弱项",从上海"传承文脉　保护城市历史风貌"的高度,进行翔实的梳理、科学的分析,提出相关对策建议。

(9)举办"上海石库门文化之旅"主题展览。2015年9月4日,由上海市规划和国土资源管理局、上海市文化广播影视局主办,上海城市规划展览馆、上海石库门文化研究中心承办,上海阮仪三城市遗产保护基金会协办的"上海石库门文化之旅"主题展览在上海城市规划展览馆隆重开幕。展览分"回眸历史——石库门的起源""城中遗韵——石库门的风情记忆""建筑解构——石库门的文化探寻""遗产保护——石库门的保护与传承""留住乡愁——我的城市生活愿景"五个版块,通过大量的历史图片、展板解读、模型实物、场景复原、影像呈现、艺术作品与设计创新,以及精心设置的大事记墙、消逝的石库门墙、石库门电子书屋、经典保护案例、现场交流互动等内容,全面、综合地展示石库门的"前世今生"。结合展览,主办方还组织了不同层面的论坛交流活动,为社会各界共话石库门的保护、传承与创新搭建平台。

(10)成立"上海石库门守望志愿者"团队。2014年6月14日"文化遗产日",由上海石库门文化研究中心组织的"上海石库门守望志愿者"团队成立,这是一个以石库门文化保护传承和推广宣传为宗旨的志愿者团队。团队旨在通过吸纳、集聚上海广大历史文化遗产爱好者,宣传、普及石库门文化,呼吁、监督石库门文化保护,推广、传承石库门文化遗产,让团队成员成为石库门文化的民间传播者,为保护和抢救石库门建筑、传承和光大石库门文化打好社会基础。

上海石库门守望志愿者主要由来自机关、企业、高校等单位的社会各界人士组成,以志愿者服务的形式,面向社会积极参与各项石库门文化遗产保护传承活动。作为上海第一个以保护传承上海石库门为己任的志愿者队伍,上海石库门文化研究中心为志愿者提供石库门文化遗产保护工作平台,让更多的民众关心并有机会参与石库门文化遗产保护事业。通过各种形式让"老上海""新上海""小上海"了解石库门文化,让"新上海"增强对上海城市文化的认同感,让"小上海"更加了解自己的家乡。

"上海石库门守望志愿者"团队自成立以来,受到诸多石库门爱好者的欢迎,通过微博、QQ、微信、电话等渠道加入团队的成员越来越多。守望者们设计了不同的"行走石库门"线路,定期招募,带领大家行走石库门;有的中学生与石库门中心工作者一起开展社会调查,有的守望者已经成为石库门保护的监督员,他们走街串巷,拍摄记录石库门,遇到石库门被破坏、被拆除,会及时向媒体反映,呼吁大家保护石库门。如图6-2所示为石库门文化行走。

图6-2　石库门文化行走

(11)石库门普查。2008—2013年,国家历史文化名城研究中心主任阮仪三,在阮仪三城市遗产保护基金会的支持下,动员自己的学生在上海开展了一次石库门普查。调查结果显示,截至2013年,上海市区范围内现存里弄1900余处,占地面积约600万平方米,主要集中在老城厢外北部及西南部、厦门路苏州河一带、衡山路复兴中路一带、长乐路常熟路一带、淮海中路思南路一带、南京西路茂名北路一带、愚园路武夷路一带、老北站南部、山阴路多伦路一带以及提篮桥地区。其中又以老城厢之中、衡山路复兴中路风貌区之中,以及南京西路茂名北路一带分布较为均匀。

| 三、申报世界文化遗产倡议 |

2015年1月25日,在田子坊陈逸飞工作室旧址(泰康路210弄2号),上海石库门文化研究中心邀请同济大学国家历史文化名城研究中心主任阮仪三教授围绕"上海石库门文化的遗产价值"进行主题报告。当日,由阮仪三教授倡议、上海石库门文化研究中心发起并联合19位专家学者共同呼吁上海石库门申报世界文化遗产。

倡议阐述了上海石库门的重大价值、濒危现状和申报具备条件,呼吁全社会积极推动上海石库门申报世界文化遗产工作,共同保护、传承和推广海派文化。在活动现场,上海石库门文化研究中心主任张雪敏作为专家代表宣读了《上海石库门申报世界文化遗产倡议书》,得到在场百余名专家学者及社会各界代表的一致赞同和积极响应。倡议书全文如下:

上海石库门申报世界文化遗产倡议书

石库门里弄发源于开埠后的上海,在市区分布广泛,曾经是绝大部分上海市民的生活空间和社会空间。在百年历史中,它塑造了上海特有的城市个性和市民生活形态,并推动造就了上海成为一个国际化的大都市。石库门里弄作为一种独特的城市民居建筑具有唯一性,其中西合璧的建筑风格和丰厚的文化内涵,具有极其重大的历史价值、艺术价值和文化遗产价值。石库门里弄已不仅仅属于上海,它是中国民居的一种特殊类型,是世界宝贵的文化遗产。

上海石库门文化遗产是历史的产物,具有不可再生、不可复制的特殊属性。根据最新的统计,上海现存较为完整的石库门风貌街坊260个,有石库门里弄1900余处,居住建筑单元5万幢,其中60%为旧城改造范围内的旧式里弄。可见,石库门已经处于濒危状态,面临着消亡的危险。因此,加强对石库门文化遗产的保护迫在眉睫、刻不容缓。

目前,上海石库门已经得到政府、学术界、社会各界以及海内外的关注和重视。2004年,上海市政府批准12个历史文化风貌保护区,已经有173片石库门风貌街坊得到了法定保护;2009年,上海石库门里弄居住习俗被列入上海市非物质文化遗产名录;2010年,上海石库门里弄营造技艺被列入国家非物质文化遗产名录。为了挽救濒危的城市遗产,促进全民对历史遗存的共享和保护,上海石库门文化研究中心与相关专家学者、文化名人及各界人士共同建议"上海石库门"申报世界文化遗产,并在此向政府及其相关部门乃至全社会发出倡议:

让我们共同行动,根据世界文化遗产申报要求,科学规划,做好相关研究和申报工作;保护石库门文化遗产,维护其完整性和原真性;传承海派文化,为上海城市建设与文化创新提供新动力;我们希望在社会各界的共同努力下,把上海石库门这份宝贵的历史文化遗产完整地传给后人,交给世界!

倡议发起人:阮仪三、刘魁立、伍江、邓伟志、熊月之、胡守钧、杨志刚、周俭、陈勤健、苏智良、魏劭农、郑祖安、张雪敏、王林、谭玉峰、王安石、卢永毅、张松、赵天佐

上海石库门文化研究中心

2015年1月25日

| 四、确立风貌保护街坊名单 |

2005年,上海市确认设立了44片上海历史文化风貌区。其中,中心城区12片27平方千米,郊区及浦东新区32片14平方千米。上海历史文化风貌区是指历史建筑集中成片,建筑样式、空间格局和街区景观较完整地体现上海某一历史时期地域文化特点的地区。到了2015

年,在原来的基础上,上海历史文化风貌区再次扩大,又增加了118处街坊和23条道路。同时,扩大名单首次分为两类,一类是风貌保护街坊,一类是风貌保护道路(街巷),十数个中心城区老式里弄(如明德里、余庆里、中华里等)被列入"里弄住宅风貌街坊"名单。除了"里弄住宅风貌街坊"外,还有与之相关的"历史公园风貌街坊""工人新村风貌街坊""混合型风貌街坊"等类别。上海石库门里弄住宅风貌街坊名单的确立,夯实了石库门里弄营造技艺保护和传承的基础,明确了石库门里弄营造技艺的传承点。

｜ 五、最严"刹车令" ｜

2017年上班第一天,时任市委书记韩正前往黄浦、静安调研历史建筑保护,提出"留、改、拆并举,以保留保护为主"的城市更新理念。旧城改造向城市更新转化,城市建设的顶层设计理念和模式发生根本性转变。随后,市规划局、市住建委、市文物局对本市50年以上房龄的建筑进行普查,确定750万平方米的历史风貌保护"红线"。7月,市政府印发《关于深化城市有机更新　促进历史风貌保护工作的若干意见》(以下简称《若干意见》)的通知,对城市更新项目进行更多的倾斜,在用地性质转变、高度提高、容量增加、地价补缴等方面,实行以强调公共利益为前提的奖励机制,激发城市更新改造的积极性。

上海以城市更新的全新理念推进旧区改造工作,采取最严厉的措施,加强历史文化风貌保护,延续好这座城市的文脉和记忆。进一步处理好"'留、改、拆'之间的关系,以保留保护为原则,拆除为例外",通过精准化、精细化的管理手段,达成"加强力度,有效延伸,应保尽保"的目标,探索新形势下的风貌保护路径、维护街区空间格局和肌理的创新机制。

石库门里弄社区更新，积极探索新政。在之前新天地模式、田子坊模式、步高里模式的基础上，各区根据实际情况，量身定制个性化解决方案。对成片里弄住宅采取"人走房留"，引进有能力保护者参与保护，如静安区东斯文里、黄浦区的尚贤坊等；采取协议置换、"抽户"的方式，尽可能留住有保护能力原居民，逐步改善其市政基础设施和居住环境，如普陀区的曹杨八村、虹口区的春阳里、杨浦区的"两万户"、黄浦区的承兴里等。

社区"微更新"专业化、精准化。为改善历史建筑内部的居住环境，徐汇区房管局聘请专业人士，以"微设计、微干预、微更新"为原则，深入一家一户进行微改造、微治理，完善房屋安全和使用功能，改善和提升居住质量，打造宜居示范区。在建筑内部，改造公共部位厨房和卫生间相关设施，同时按照历史保护建筑的要求，修缮建筑外部甚至整个院落及周边。

第三节
探 索 创 新

石库门里弄建筑是石库门里弄营造技艺的载体，同时也是上海城市的乡愁，因此，保护好石库门里弄建筑是保护和传承石库门里弄营造技艺的前提。

改革开放以来，上海掀起城市大建设、旧城改造的大潮，"大拆大建"的城市改造蚕食了石库门里弄建筑。然而，随着上海城市建设进入有机更新的转型发展,人们越来越清晰地认识到城市建设的大发展和城市历史风貌保护之间的辩证关系,城市历史风貌和城市文脉是上海城市发展的最重要的基础和灵魂,是上海国际化大都市建设的重要软实力。因此,上海在城市建设中明确了从"拆、改、留"到"留、改、拆并举,以保留保护为主"的总体思路和基本方针。这样,作为上海重要城市遗产之一的石库门里弄以及石库门里弄营造技艺的保护传承进入了新时代。

在市委、市政府的高度重视下,在各区县的深入落实中,在社会各界的呼吁监督下,上海石库门里弄保护利用的探索,业已形成了以下五种主要模式:一是保留居住功能保护模式,如步高里等;二是存量空间活化利用保护模式,如田子坊、张园等;三是整体功能置换开发利用保护模式,如思南公馆、建业里等;四是商业开发模式,如新天地等;五是"微更新"模式,如承兴里、春阳里、贵州西社区等。

| 一、保留居住功能保护模式 |

黄浦区步高里(图6-3)是石库门里弄建筑中以保留居住功能为主的保护模式的典型。这种保护模式的核心是成片保护性修缮,严格按照优秀历史建筑保护要求进行修缮,确保房屋安全,改善居住功能和居住条件,在保留历史风貌的同时,保持原生态的历史生活场景,使城市人文记忆得以有效传承。2007年,这种保护模式首先在旧式里弄步高里进行试点,取得成功经验后,在长宁区

图6-3 步高里鸟瞰

愚园路风貌道路沿线的保护性修缮中得到复制。

步高里位于旧上海法租界亚尔培路,是原法租界第三次扩张区域南部的边缘地带,位于今陕西南路与建国西路的交会处。1914年,法租界第三次扩张以后,公董局在今重庆南路以西的租界范围内,以高品质的居住社区为主要目标进行开发。因此,步高里所在区域的绍兴路街区在原先部分花园住宅的基础上,出现了新式里弄住宅、新式石库门住宅同时开发建设的状况。

步高里占地面积约7000平方米,建筑面积10069平方米。总体布局为新石库门里弄常见的"干"字形行列式分布,中间沿山墙方向设置一条主弄,与主弄垂直方向设置四条支弄。主弄、支弄与城市干道直接联系,大大提高了社区与城市之间交流的可能。步高里结合了传统坊院式住宅分布格局,北侧里弄住宅做周边式布局,当时有各种商铺围绕,这里是步高里居民生活的小型商业场所。

步高里住宅标准面宽3.6米,开间户均面积为94平方米,建筑单体为两层混合结构,双坡屋顶。平面的功能关系南北轴向分布:支弄—前院—客厅、起居室—楼梯间—厨房—支弄。建筑前楼层数为两层,底层层高3.8米,二层3.5米;后楼亭子间部分为三层,层高2.8米。房间安排十分简单,一层前后四个房间(客厅、起居室、楼梯间、厨房),取消了早期石库门的后天井部分;二层与一层空间安排一致,只是厨房上面为两层亭子间,亭子间上为晒台。单排尽端双开间住宅的平面布局与单开间的布局相似,只是厢房没有楼梯间部分,厢房房间进出要通过正房房间。楼梯间安置在后部,坡度较早期石库门多减缓,感觉上较为平坦。楼梯形式多为三跑,选用这种楼梯的目的是在楼梯一半处方便建造亭子间,巧妙地解决了主卧室与亭子间层高差异的连接问题。

步高里住宅里面使用机制红砖、水泥灰缝的清水砖墙面,临近地面做有一米高的水泥防水石砌墙裙。住宅建筑基本采用中西合璧的装饰风格。主支弄交界处有单片砖拱券门分隔空间,券门下使用简化的巴洛克牛腿支撑,将主弄空间与支弄空间明确区分开来。住宅前院围墙以支弄砖拱券为主,高度为5.4米,属于较高的围墙类型,墙头使用二坡水泥压顶方式。石库门门框用的是錾假石料,大门上装饰已经由凹凸花纹线条转为简洁的砖面拼砌纹样,略见西方影响。两侧设有西式方形壁柱,显示了充分利用砖的不同方向拼砌所形成的简洁美。窗台及窗楣均突出墙面,并用水泥砂浆做仿石处理。面向前院天井的客厅开口处采用落地长窗,以最大限度地采光、通风。山墙面在初始设计图纸中仍然沿用江南传统马头墙分隔,但在实际建造过程中被改成简洁的砖墙。

从整体来看,步高里的建筑风格是新石库门里弄晚期的典型,受西方建筑风格影响明显,中国传统建筑的细部特征在这里几乎没有踪影。从设计图纸看,里弄山墙还是典型的江南水乡民居马头墙的直接搬用,但不知何故,里弄在建造时放弃了这个细部。不过,在20世纪30年代大量住宅建筑风格已经越来越西化的趋势中,步高里却反其道而行之,其独特的细部特征体现在里弄的主入口处。步高里位于建国西路和陕西南路两侧的主弄入口均有中式牌楼出现,牌楼整体上具有明显的中国传统牌楼样式,歇山式筒瓦飞檐顶,有装饰性斗拱。白墙、黑字、红瓦灰柱,有中文"步高里"、法文"CITÉ BOURGOGNE"以及建筑年份"1930"等字样。在牌楼下部采用了西方式的拱券门,中西合璧,十分奇妙。

从历史街区保护的整体来看,最基本的要求是疏减人口、改善环境。要想真正保护、传承一个城市的文化脉络,就要保护"原生态、原居民、原文化",让大部分历史街区回归"生活态",为老建筑注入活力,延续它们的"文脉"。

对步高里的保护就是基于上述认识的。由于步高里的规模不大,整体结构整齐,没有曲径通幽之感,因此并不适合做旅游开发。做原生态保护既丰富了石库门里弄的保护方式,真正做到了因地制宜,又能使游客感受原汁原味的老上海生活气息。2007年,上海市文物管理委员会和卢湾区政府根据最初的设计图,对步高里进行了保护与修缮,对相应的配套设施进行了改造:增设卫生设施,修复清水红砖外墙,安装消防喷淋设施,调换公用部位电线,修复大门牌楼,等等。如今的步高里,已经成为中外游客感受上海弄堂文化的必选之地,不同于田子坊、新天地扑面而来的商业气息和小资情调,步高里向游客展现的是石库门里弄琐碎的家常和平实的生活。

二、存量空间活化利用保护模式

存量空间活化利用保护模式的典型有田子坊、张园等。

1.田子坊

田子坊(图6-4)位于上海市卢湾区泰康路210弄,其建筑实体的前身为20世纪初在街区内逐渐聚集起来的弄堂工厂建筑,现在已经汇集了10多个国家和地区的160多家视觉创意公司。田子坊所在的街区由各式里弄住宅、花园住宅和里弄工厂混杂组成,建筑风格具有明显的上海特色。

从历史上看,田子坊街区位于上海原法租界第三次扩张区域内的中央区南端,街区形态形成于20世纪20年代,现在的南侧泰康路当时还不存在,仅是一条没有名字的断头狭窄通道。在泰康路没有正式铺设以前,其道路南

图6-4 田子坊

北的地块是一个整体,并向东延伸至现今重庆南路范围。通过1920年的历史地图,可以看到街区仍然保持着江南水乡的农耕形态,街区周边分布着多条河道,依傍河道散落建造了少量江南水乡传统聚落形态的民居建筑。直到1926年泰康路(初建时路名为贾西义路)正式铺设,才使原本连接为一体的地块被划分为三部分,即泰康路南北街区和思南路东街区。

中华人民共和国成立后,田子坊所在街区的建筑功能经历了一系列转变。至改革开放后,随着城市化进程和新兴工业的发展,街区内的工厂因不能适应新时代的需要而被逐一废弃。1999年年初,当时的卢湾区政府主张通过强化街道文化主题性特征,为卢湾区文化市场增添特色街道,并充分发挥特色商业的积聚效应,最终带来经济收益。

1998年12月,田子坊引入一路发文化发展有限公司。1999年8月,画家陈逸飞在泰康路210弄2号甲设陈逸飞工作室。2000年5月,在市经委和卢湾区政府的支持下,对泰康路210弄进行了整体改造。2001年初,摄影家尔冬强在泰康路210弄2号乙设汉原文化艺术中心。2001年10月,泰康路210弄3号的原上海食品机械厂的5层厂房被改为艺术创作中心。2001年,画家黄永玉以《庄子》中一位画家的名字"田子方"的谐音,为泰康路210弄取名"田子坊",寓意艺术人士聚居地。至2002年,田子坊艺术文化街已初步形成。经过对街区内老厂房的持续性改造,泰康路210弄从一个杂乱、无名的弄堂工厂区逐渐变为文化名人聚集、艺术文化活动日益频繁的区域,其区域地位、形象开始发生转变。目前,田子坊总共开发了旧厂房2万余平方米,吸引来自18个国家和地区的70余家企业,并形成了以室内设计、视觉艺术、工艺美术为主的产业特色,田子坊文化服务性质的城市公共性大大增加。

伴随田子坊厂区域改造整治的日益深入,其社会知名度越来越高。其街区中部的石库门里弄建筑被正式定为旧区拆迁改造的预备对象,在2004年公布的《卢湾区新新里地区控制性详细规划》中,计划将田子坊所在地块打造成以商业、居住、文化休闲为主体的综合性社区,泰康路北侧原有的石库门里弄、新式里弄、花园住宅都将被高楼大厦取代。

2003年,上海市政府在《上海市中心城历史文化风貌保护区范围划示》中确定了中心城12个历史文化风貌区的具体划定范围,其中衡山路－复兴路历史文化风貌区恰好毗邻田子坊街区北面。田子坊街区中部的新旧里弄建筑、花园住宅逐渐受到了社会各界的关注。

2004年,泰康路成立了"泰康路艺术街管委会办公室"。2005年,伴随着居民自发出租行为的扩展,泰康路民间自发组织成立了"田子坊石库门业主管理委员会"。此时,田子坊街区中部石库门建筑开始大批量出租,此后成立的田子坊艺术街管委会与建国中路居委会等部门开始尝试借助泰康路210弄艺术街的商业活力,在相邻弄堂探索以石库门建筑为主题的旅游观光开发模式,并开展了针对田子坊街区的功能拓展概念策划,将街区内的田子坊一期"里弄工厂创意空间"和田子坊二期"石库门里弄创意空间"有机结合。在里弄工厂创意园区的改造中,田子坊试图由"创意孵化基地"转型为中国创意园区独具"石库门文化"特色的品牌。二街区中部的石库门里弄社区,通过创意产业激活历史资源,试图将田子坊街区积淀的上海大众生活形态,以及多样的新旧里弄建筑典型空间,转变为海派文化的活态展览区和里弄生活的真实体验区。

在创意街区的定位中,田子坊兼具了创意产业集聚地和传统里弄风貌展示地的双重身份,也成为当代石库门创意社区空间营造的典范。

如今的田子坊已被人们称为"新天地第二",其展现给人们更多的是上海亲切、温暖和琐碎的一面。只要你在这条如今上海滩最有味道的弄堂里走一走,就不难体会田子坊的与众不同了。

2.张园

张园(图6-5)是上海石库门的代表性建筑。张园是目前上海石库门建筑群中规模最大、保存最完整的,保留了中西合璧的海派建筑特色的建筑群。张园现在仍有大量居民居住,超高的"人气"也让它的生命一直延续。

张园当初是一个叫格农的外国人的别墅,1882年,实业家张叔和买下了这座别墅,作为奉养老母之所。然而不久,其母故世,张氏自称睹景伤怀,一度想出售张园。后经朋友劝解,张氏仿造苏州狮子林等名园,再造张园。沪上名人袁祖志为此园题名"味莼",但人们皆习惯称之为张园。此后,张叔和又对该园屡加增修,至1894年,全园面积达61.52亩,为上海私家园林之最,园中有当时上海最高建筑"安垲第"(Arcadia Hall),可以容纳千人以上,一时登高安垲第,鸟瞰上海全城,成为游上海者必到之处。1885年开始,张园向游人开放,初免费,不久因园内游人太多,每人收费一角;1893年安垲第落成后,又改为免费,但设立各种服务设施以收取费用。以后,随着哈同花园、大世界等游

图6-5 张园

乐场所的建成开放,张园逐渐衰落,于中华民国八年(1919年)歇业。张园地皮被分割出售,逐步建成各式里弄住宅。

张园地块属于历史风貌保护区,在其42座建筑当中,有历史建筑13座、保留历史建筑5座、区文保点24座,这里常住人口密集,人居条件比较差,民生与历史风貌保护的矛盾尤为突出。2017年初,静安规土局进行了公示,对静安区南西社区C050401单元113—115街坊规划调整,规划将进一步提升张园地区的商务能级,增强文化特色,增拓公共空间,将其打造成集商、旅、文为一体的地标性区域。上海市静安区张园旧改的方案是:常住人口迁出,变为商业办公加休闲的空间。虽然静安区张园地区建筑底子比较好,但毕竟已经有了近百年的历史,对于静安区来说,一方面需要改善民生,一方面需要保留历史风貌区,因此减少常住人口成为一个关键路径。张园地区被分成东、西、南、北、中五块地方,它们都不是常住人口的居住点,而是变成了公共空间:张园东部,建设180米的摩天大楼,作为办公空间;张园西部,作为商业街的一部分;张园南部,既作为景区,也作为商业办公空间;张园北部,成为商业化的休闲街区;张园中部,变成上海石库门里弄风貌区。

总体来说,对于静安区张园地区的发展来说,最有效的途径就是将常住人口逐步迁出,将其改为商业、办公和休闲街区,这也是上海市旧改中简单实用的方法之一。

三、整体功能置换开发利用保护模式

整体功能置换开发利用保护模式比较典型的有思南公馆、建业里等。这种保护模式的核心是将原有居民置换搬离,对历史建筑原汁原味、修旧如旧地进行修缮,使历史建筑的原有样式得以保留,并通过调整使用功能和商业业态进行改造、开发、经营。这种保护模式因在思南公馆首次实施而得名,后在黄浦区外滩源一期、徐汇区建业里复制。

1.思南公馆

思南公馆(图6-6)是上海市中心唯一以成片花园洋房的保留保护为宗旨的项目,坐拥51栋历史悠久的花园洋房,同时汇聚了独立式花园洋房、联立式花园洋房、带内院独立式花园洋房、联排式建筑、外廊式建筑、新式里弄、花园式里弄、现代公寓等多种建筑样式,是上海近代居住类建筑的集中地。

思南公馆历史沿革始于1920年。这一年,沿法国公园(French Garden,今复兴公园)南面的辣斐德路,首批花园大宅拔地而起。随后的10年里,辣斐德路以南、马斯南路(Route Massenet,今思南路)以东、吕班路(Avenue Dubail,今重庆南路)以西地区的花园洋房陆续建成,吸引了当时大批的军政要员、企业家、专业人士和知名艺术家迁入,使该地区成为当时上流社会人士的居停和会聚之所。

1999年9月,上海市建设和房屋管理部门确定上海多个优秀历史

图6-6　思南公馆

街区作为保留保护改造的试点。卢湾区第47、48街坊,被列为试点之一。这一区域的具体范围东起重庆南路,西至思南路西侧花园住宅边界,南邻上海交通大学医学院,北抵复兴中路,以思南路为界,分成东、西两块,涉及保留保护历史建筑51幢,汇集8种上海近代居住建筑类型。这就是今天被称为"思南公馆"的这片街区。

思南公馆是上海历史文化风貌区和优秀历史建筑保留保护改造试点项目之一,是衡山路-复兴路历史文化风貌区的重要组成部分,也是上海市中心独立成片花园住宅最集中的区域之一。作为"国家历史文化名城保护专项基金"项目的思南公馆项目,旨在配合上海市的整体城市发展规划,配合上海建设国际经济、金融、贸易、航运中心的进程,成为城市建设的新亮点。

思南公馆共有四个功能区,包括思南公馆酒店、特色名店商业区、思南公馆公寓和企业公馆。无论是购物还是品尝美食,自住还是待客,办公抑或商务应酬,思南让你足不出"馆",便可完成所有生活需求。

作为上海的"新名片",思南公馆饱含了深厚的人文历史底蕴,源远流长的建筑文化,见证了东方与西方、历史与现代的和谐融汇。思南公馆,典藏新意,融古贯今,在尊重传统的同时赋予这片区域崭新的生命力,重塑了她的人文内涵和独特气质,并以一个前瞻者的姿态力求成为未来上海城市空间和人文风范的完美结合体。

2. 建业里

建业里(图6-7)由法国建业地产公司建于20世纪30年代,位于徐汇区,是上海市衡山路-复兴路历史文化风貌保护区的一部分,也是上海市第二批优秀历史建筑。该石库门群分为西弄、东弄、中弄,总占地面积约1.8万平方米,前后共有22排连体石库门住宅建筑260套,规模比新天地、思南公馆、田子坊、步高里都要大得多,这里是上海最大的

图6-7　建业里

里弄式石库门住宅建筑群。

　　建业里由东、中、西三段里弄组成,基本都是东西向展开的,四条南北向主弄串联起东西向支弄。建筑为砖木结构,立面锯齿状造型,设转角窗,每户均有朝南窗户,每单元均有较大花园。但由于建造年代久,违章搭建多,东弄、中弄不少石库门破损严重,结构老化。建业里最有特色的地标建筑物为"水塔",曾是当地居民取水的地方。

　　2003年建业里启动规划,2008年正式动工,2017年以奢华精品酒店——嘉佩乐酒店及服务公寓的形象问世。作为上海市中心唯一一座全别墅设计的石库门风格酒店,建业里恢复了"外铺内里"的历史格局,保留了"马头山墙""清水红砖""半圆拱券门洞"等经典石库门元素。水塔现已是酒店的最高建筑物,被用作照明与信号服务设施。建业里西弄和中弄将改造为由95套酒店式公寓组成的酒店,东、中弄区域增加两层地下室,满足停车需求,最南侧靠建国西路将改造为4000平方米的沿街商铺。

　　嘉佩乐酒店在建业里建有55栋石库门别墅及40栋豪华公寓,其中石库门别墅分为一房、两房、三房3种户型,面积多在111～251平方米。作为上海唯一一处全别墅城市度假地及全新的酒店地标,嘉佩乐还对建业里展开了顶奢式的装修,并引入了一些独有的业态。

从2008年改造伊始,建业里这座上海市中心最大的石库门建筑群一直备受关注。在搬迁过程中建业里建筑曾受到严重损坏,部分建筑只剩下外墙。并且,改造前的建业里一幢多户情况十分普遍,260栋房屋内居住了3000多人,长期超负荷使用,加上不同程度的修修补补,一些建筑内部木结构出现了开裂与霉烂等现象,这在东弄与中弄尤为严重。鉴于这种建筑状况,建业里在改造时整体保留了三分之一的历史建筑,也就是西弄。东弄和中弄因为损坏严重,无法直接修复,只能进行复建,在复建中尽量使用原始建材,对无法使用原始建材的,也尽量使用类似的替代材料,以此保持整个片区建筑格局与风格的统一与延续。

| 四、商业开发模式 |

商业开发模式比较成功的典型是新天地,如图6-8所示。商业开发模式即将原住户动迁搬离后,建筑风貌保持原有形态,再根据商业经营需要,从房屋结构、内部空间到公共活动空间都进行了全面的改造。对黄浦区新天地地区的开发,既保留原有石库门里弄建筑风格和城市记忆,提升地区功能和价值,同时又有超过2万户居民告别拥挤逼仄的空间,获得更为舒适的居住环境,达成城市更新、经济发展、民生改善和城市文脉保护等目标。

如今的上海新天地位于淮海中路南侧,东至黄陂南路,西到马当路,北沿太仓路,南接自忠路,占地面积3万平方米,建筑面积6万平方米。上海新天地是一个以石库门建筑为主体,有着欧式风情的休闲和娱乐总汇,汇集了各式酒吧、餐厅和夜总会,是上海新建景观之一。

新天地的前身是上海近代建筑的标志之一——破旧的上海石库

图6-8　新天地

门居住区。"新天地"所在地是一个较典型的反映上海近百年历史文化的地区。1997年,卢湾区政府与香港瑞安集团合作,对这一地块进行改造开发,将此处旧石库门的居住功能改造为商业功能,着力打造集餐饮、商业、文化、娱乐等功能于一体的上海特色景区———"新天地"景区。目前,上海新天地已经成为一个具有国际知名度的聚会场所。

　　开发者从保护历史建筑的角度、城市发展的角度以及建筑功能的角度做了多方面考虑,要把新的生命力注入这些旧建筑中,以符合新世纪消费者的需求。考虑到经营场所的需要和功能,对原来是住宅的建筑,像修剪大树的枝叶似的做出有条理的改动。"拔"去几幢房后,湮没在弄堂内的一座漂亮的荷兰式屋顶石库门建筑便跃然而出。拆去违章建筑,市区不多见的弄堂公馆得以重见天日。这样,被保留下来的旧建筑各显特色,仿佛一座座历史建筑陈列馆。

　　保留下来的石库门由于年代较久,加之过度使用,缺乏保养,大多已面目全非,部分必须重建。为了重现这些石库门弄堂当年的景象,瑞安集团到处寻觅,终于从档案馆找到了当年有法国建筑师签名的原始图纸,重建者按图纸修建,整旧如旧。采用原砖原瓦作为建材,使用进口的防潮药水注入墙壁间,在老房子内部增加了现代化设施,包括地底光纤电缆和空调系统,屋顶上铺瓦前先放置两层防水隔热材料,再铺上注射了防潮药水的旧瓦。这样在确保房屋功能更完善和可靠的同时也保存了原有的建设特色。

石库门旧房是没有地下排污管、煤气管等基础设施的,新天地每幢楼都要挖地数米,部分需深达9米,铺埋地下水、电、煤气管道以及通信电缆、污水处理系统、消防系统等设施。旧房不拆,挖土机开不进作业现场,施工难度相当大。铺设自来水管、煤气管道的工人,皆小心翼翼,以免不小心碰坏了"文化"。有些旧楼内部的木料已腐朽了,所以其内部结构须全部重做,但能保留的还是千方百计地保留下来。上海新天地不惜代价地修复旧石库门,不仅仅做到形似,更注重神似,不是简单修复,而是更高层次的改造。

改造后的新天地分南里和北里两个部分:南里以现代建筑为主,石库门旧建筑为辅;北部地块以保留石库门旧建筑为主。新旧对话,交相辉映。南里建成了一座总楼面面积达25000平方米的购物、娱乐、休闲中心,自2002年起,这座充满现代感的玻璃幕墙建筑物,进驻了各有特色的商户,除了来自世界各地的餐饮外,更包括了年轻人最爱的时装专门店、时尚饰品店、美食广场、电影院和一些极具规模的一站式健身中心,为消费者及游人提供了一个多元化和具品味的休闲娱乐热点场所。北里由多幢石库门老房子组成,这些老房子结合了现代化的建筑、装潢和设备,化身成多家高级消费场所及餐厅。南里和北里的分水岭——兴业路——是中共"一大"会址所在地,沿街的石库门建筑也将成为凝结历史文化与艺术的城市风景线。

上海新天地改写了石库门的历史,给本已走向落寞的石库门注入了新的活力。漫步新天地,仿佛时光倒流,重回当年。那青砖步行道,那红青相间的清水砖墙,那厚重的乌漆大门,以及那雕着巴洛克风格卷涡状山花的门楣,使得观光客仿佛置身于20世纪二三十年代的上海。跨进建筑内部,则又非常现代和时尚。门外是风情万种的石库门弄堂,门里是完全现代化的生活方式,就这样,一步之遥,恍若隔世,真有穿越时空之感。

| 五、"微更新"模式 |

除了上述的保护创新模式外,近年来,上海城市更新理念发生根本性变化,从"拆、改、留并举,以拆为主"到"留、改、拆并举,以保留保护为主"。在"留"的前提下,如何让石库门更宜居,社会各界又开始了新的探索,开启了各种模式,如春阳里、承兴里等的"抽户"留改模式,爱民弄、德仁里、贵州西社区等的社区重构模式。这些也为上海石库门里弄营造技艺的保护与传承开辟了新路径。

1. 爱民弄

爱民弄位于宁波路587弄(近广西北路),原名慈安里,1931年由当时南京路地产第一大户哈同投资建造。据说当时的里弄住宅,几以"慈"字命名的石库门(如附近的慈庆里等)都是哈同的产业。据《上海市黄浦区地名志》记载:慈安里占地面积约1011平方米,建筑面积约1318平方米,主通道长70米、宽4米。弄内共三排6幢石库门,砖木结构,假三层,部分为三间两厢房,部分为两开间一厢房。1983年,南京东路街道、云中居委会与"好八连"共建后,为体现"军爱民,民拥军"的军民鱼水情,慈安里与附近的后逢吉里,分别改名为爱民弄、拥军弄。2015年,爱民弄被划定为上海石库门风貌保护街坊。

爱民弄位于繁华南京东路的"后背",由宁波路、广西北路、天津路、贵州路围合而成。每一条马路都是南京路商圈的重要支马路,沿街商铺鳞次栉比,经营各种特色美食、小吃、旅游纪念品等,每天游客摩肩接踵,热闹非凡,直至深夜,甚至凌晨,因此油烟扰民、商居矛盾突出。"微更新"前,爱民弄内居民人口密度非常大,老龄化严重,外来务工租赁居住的人口逐年增加,住宅成套率低;生活设施陈旧,入口处狭窄拥挤,线管缠绕;里弄内部通道杂物堆放较多,阻碍通行,非机动车停车困难;垃圾桶、雨篷等破旧不堪,亟待改善。为此,2017年,南京东路街道将其作为首批"微更新"的第一个试点。

爱民弄的"微更新"聚焦设施更新与环境优化。设计师将交通量少且建筑界面完整的巷道划分为静区,设置步道、健身区和娱乐区;人流量较大的主巷道则划分为动区,提升路边景观,设置休憩设施。通过不同材质和颜色的铺地体现不同的区域,并用连续的步道将不同的区域串联起来,提升整个里弄环境品质。具体有以下几条措施:

(1)入口优化。原有的大门老旧,缺乏设计,入口空间破旧凌乱。设计师重新设计了门头和大门,使入口门头回归原有立面风格,且不再被周边的店面招牌遮挡。设计师还同时梳理了入口处空间,增加了吊顶和展示背景墙,美化了空间形象。

(2)设施改造。爱民弄原有的生活设施功能单一,在美观和维护方面欠佳。设计师对公共晾衣架、水斗、厕所、警卫亭、入户雨棚等需要改造的设施,在优化功能的同时进行了美化。

(3)绿化、休息凳等公共空间的打造。原有花池老旧且被杂物垃圾占据,失去了景观作用,也无法提供休息歇脚的功能。设计师重新设计花池,加入了歇脚坐凳等设施。在综治中心的背立面,设计师在墙体上设置整合了雨棚、坐凳和吧台功能的一体化装置,满足居民休闲需求。这些设施在造型上与水斗、入户雨棚呼应,采用斜面和倒锥形设计,力求在减小体量感的同时增强美感。

"微更新"优化了爱民弄的弄堂环境,修复和替换了部分生活设施,缓解了商居矛盾,传承了上海特有的石库门里弄生活空间,同时让百年石库门老弄堂更宜居,让居民生活更便捷、更美好。

2.贵州西社区

贵州西社区位于南京东路东北角,北近苏州河,南邻北京东路,属上海石库门里弄建筑的发源地区域,也是目前现存石库门里弄建筑规模较大、保存状况相对较好的街区。2015年,上海市规土局将其划定为上海石库门风貌保护街坊。

贵州西社区是由西藏中路、北京东路、贵州路与厦门路围合的石库门小区,内有宏兴里、永平里、永康里和瑞康里等四个里弄。四个里弄皆兴建于20世纪30年代上海房地产投机发展的顶峰时期,属新式里弄。

据《上海市黄浦区地名志》记载:永康里,位于北京东路796弄(近贵州路),建于1933年,占地面积约1320平方米,建筑面积约1692平方米,主通道长70米、宽3.5米,房屋为砖木结构,两层,5幢。瑞康里,位于北京东路830弄,建于1934年,占地面积约3132平方米,建筑面积约4080平方米,主通道长108米、宽4米,房屋为砖木结构,两层,15幢。永平里,位于贵州路297弄(近厦门路),建于1934年,占地面积约1326平方米,建筑面积约2116平方米,主通道长42米、宽3米,房屋为砖木结构,两层,8幢。宏兴里,位于北京东路850弄(近西藏中路),属贵州路居委会,建于1935年,占地面积约3114平方米,建筑面积约4226平方米,主通道长68米、宽4.5米,房屋为砖木结构,两层,18幢。

根据建造年代可以判断,贵州西社区的四条弄堂应该是对早期石库门的更新项目。建造者建造这些建筑大多不是为了自住,而是为了出租。据史料查证,宏兴里由通和洋行首任买办应子云投资建造。

贵州西社区是首批启动"微更新"的试点之一。经过两年温和"针灸式"微更新,社区发生了很大变化。

社区环境变美了。从北京东路拐进贵州西社区的主弄堂,映入眼帘的是一道长长的花廊,紫藤顺着花架攀爬而上,长得正旺;花廊下,从一户居民家的窗口里"伸"出来一只硕大的鱼缸,十几只红色小鱼欢快地游着;两位阿婆坐在花荫下的座椅上聊天乘凉,一派岁月静好的样子。

房子更宜居了。微更新不只做表面"花架子",还延伸到楼幢内部,"触动"居民利益,实现从外到内的改变,提升居民的获得感,真正地改善民生。

过去的石库门里弄72家房客,走进去最醒目的莫过于一排排油腻腻的灶台、一排排落满灰尘的电表、一个个上了锁的水龙头,最直观的感受是空间逼仄、破旧,还存在一定的安全隐患。楼幢内的微更新,首先要动的就是居民的公共空间,一房一策,温和"针灸"。

宏兴里16号是首批完成微更新的楼幢,变化很大。现在,在6户居民合用的公共厨房,满是油污的墙面被雪白墙面砖取代,各家还有了全新的独立橱柜;厨房到居民家有个露天小走廊,顶端安装了透明玻璃,既不影响采光也可以挡雨、挡灰;歪歪扭扭的楼梯被重新修整,贴上了防滑条,考虑到住在楼上的几户居民都上了年纪,沿着楼梯还装上了扶手;破损的墙面、脏得看不出颜色的水池,全部更新,切实提升了居住舒适度。

邻里关系更融洽了。过去72家房客下的石库门里弄社区,公共空间逼仄,邻里关系紧张。经过这次微更新,楼幢内公共空间变大了,搬个小板凳,邻居们一起择菜、聊天,生活气息更浓厚了,邻里关系更融洽了。此外,贵州西社区还出现了"共享客厅""共享厨房""共享浴室""共享晾衣架""公共洗衣房"等公共空间。

老弄堂空间狭小,招待来客十分不便,宏兴里"共享客厅"是这次微更新的一个亮点。"共享客厅"由居委会旧活动室改建而成,面积约30平方米,楼下脱排油烟机等各种厨房设施一应俱全,还配有两张1.4米长、可以拉伸的大桌子和数把靠背椅,楼上是图书馆,社区居民人人都可以申请使用,这为居民与亲朋好友聚会提供了方便。

　　贵州西社区的改变并不局限于小区内部,还在向街区延伸。靠近北京东路沿街的几间小五金店换成了一家小而精的精品酒店,透过大玻璃窗常可以看到坐在电脑台前边喝咖啡边工作的年轻人。原来贵州西社区周边缺少小菜场,居民买菜很成问题,现在沿街有了平价小超市,里面日用品、生鲜蔬果都有,成为小区居民常去的"网红地"。

　　随着上海经济的发展,从"拆、改、留"到"留、改、拆",理念变化为的是共享发展成果、保护历史风貌,同时改善居住条件、提升居住环境。目前上海外环以内、50年以上登记在册的里弄房屋有800多万平方米,经过甄别后需要保留的有700多万平方米。针对这些需要保留的里弄房屋,将按照居民自愿、政府主导、因地制宜、分类改造等方式进行保留改造。如对承兴里居住密度太大的房屋,采取抽户的方式降低人口密度;对春阳里除了采用整体内部改造外,一些里弄房屋还可以采取局部拆除重建的方式。总之,就是要最大限度地提高房屋的居住舒适性,有条件有意愿的先试点,成熟一幢做一幢。由此,石库门营造技艺的传承进入新时期。

后　记

　　石库门里弄发源于开埠后的上海,在市区分布广泛,曾经是绝大部分上海市民主要的生活空间和社会空间。在百年历史中,它塑造了上海特有的城市个性和市民生活形态,推动了上海成为国际化的大都市。石库门里弄作为一种独特的城市民居建筑具有其唯一性,其中西合璧的建筑风格和丰富的文化内涵,具有较高的历史价值、艺术价值和文化遗产价值。石库门里弄是中国民居的一种特殊类型,其不仅仅属于上海,还是世界宝贵的文化遗产。

　　2009 年,上海石库门文化研究中心在世博会首个区县论坛——"上海石库门遗产保护与文化传承"主题论坛上宣告成立。论坛以上海石库门文化遗产的发掘、保护、传承、利用为宗旨,致力石库门文化遗产的理论研究、基地建设、产业拓展、媒体宣传及品牌推广,是上海首家也是唯一一家以石库门为专门研究对象的权威科研机构。10 余年来,上海石库门文化研究中心会聚社会各界的石库门研究者、爱好者,开展相关学术研究、社会调查,开设石库门文化讲堂,举办石库门论坛,成立石库门守望志愿者团队,举办石库门主题展览,倡议石库门申请世界文化遗产等,与社会各界一起,共同推进石库门文化的保护与传承。

　　本书的编纂是上海石库门文化研究中心又一次努力的结果。我们希望本书能较为全面地体现上海石库门里弄建筑及其营造技艺的发展变化历程,厘清石库门里弄建筑空间、街区空间、文化空间的关系与演变,探索石库门里弄营造技艺的传承与创新,呼吁社会各界认真思考石库门里弄营造技艺的保护、传承与创新模式,共同保护好这一珍贵的世界文化遗产。

本书稿由文字和图片两部分组成,根据书稿内容配图,采取以图代文、以文释图的形式,图文并茂。撰稿人的具体分工如下:张雪敏负责框架设计和统筹安排,刘雪芹负责项目跟踪与统稿并撰写第六章,顾歆豪负责图片收集和第一章至第五章文稿的撰写工作。同时,上海石库门文化研究中心的其他一些同志也都积极参与、支持了书稿的相关工作。

由于时间仓促,本书难免有纰漏、疏忽和不足之处,还望各界批评指正。

2020 年 1 月 29 日